LEÇONS D'HYDRAULIQUE

ÉTUDE

DES

MOTEURS HYDRAULIQUES

COMPRENANT

LES CONDITIONS THÉORIQUES ET PRATIQUES
DE LEUR CONSTRUCTION

ET DE L'ÉTABLISSEMENT DES USINES HYDRAULIQUES

PAR

E. CLARINVAL

Capitaine d'Artillerie, ancien Élève de l'École polytechnique
Professeur de mécanique à l'École d'Application de l'Artillerie et du Génie
Chevalier de Saint-Grégoire-le-Grand

METZ	PARIS
Chez Jules VERRONNAIS	Chez DUMAINE
Imprimeur-Libraire	*Libraire*
RUE DES JARDINS, 14	RUE ET PASSAGE DAUPHINE, 30

1859

ÉTUDE

DES

MOTEURS HYDRAULIQUES

LEÇONS D'HYDRAULIQUE

ÉTUDE

DES

MOTEURS HYDRAULIQUES

COMPRENANT

LES CONDITIONS THÉORIQUES ET PRATIQUES
DE LEUR CONSTRUCTION

ET DE L'ÉTABLISSEMENT DES USINES HYDRAULIQUES

PAR

E. CLARINVAL

Capitaine d'Artillerie, ancien Élève de l'École polytechnique
Professeur de mécanique à l'École d'Application de l'Artillerie et du Génie
Chevalier de Saint-Grégoire-le-Grand

METZ	PARIS
Chez Jules VERRONNAIS	Chez DUMAINE
Imprimeur-Libraire	*Libraire*
RUE DES JARDINS, 14	RUE ET PASSAGE DAUPHINE, 30

1859

Metz, Typographie et Lithographie de Jules VERRONNAIS.

TABLE DES MATIÈRES.

CHAPITRE III.

CHAPITRE IV.

CHAPITRE V.

CHAPITRE VI.

CHAPITRE IX.

119. But de ce chapitre. — 120. Détails de la turbine Fourneyron.— 121. Dimensions de quelques turbines Fourneyron. — 122. Détails de construction des turbines Fontaine. Leur montage.

CHAPITRE X.

123. Détermination du travail moteur fourni par un cours d'eau et de la chûte utilisable. — 124. Dispositions relatives à l'emploi des cours d'eau. — 125. Emplacement à donner aux roues établies sur une même prise d'eau. — 126. Etablissement des barrages de rivière. — 127. Etablissement des canaux de dérivation. — 128. Établissement des vannages. — 129. Calcul de la force nécessaire pour manœuvrer une vanne. — 130. Établissement des coursiers.

ADDITION ET NOTES.

FIN DE LA TABLE.

ERRATA.

Page 40, sixième ligne, au lieu de : *j'adapterai;* lisez : *j'adopterai.*

Page 47, vingt-troisième ligne, au lieu de : $\sin_2 \beta$; lisez : $\sin_2 \dfrac{\beta}{2}$.

Page 57, colonne des RENDEMENTS OBTENUS du tableau, au lieu de : 0,55 ; lisez : 0,50 ; — au lieu de : 0,67 ; lisez : 0,55 ; — au lieu de : 0,87 ; lisez : 0,67.

Page 112, vingt-quatrième ligne, au lieu de : *de son poids propre* C' ; lisez : *de son poids propre* C''.

Page 113, onzième ligne (pour arbres en bois), au lieu de : 295 000 c ; lisez : 29500 c.

Page 143, vingt-sixième ligne, au lieu de : *au sommet renflé* D' *de cet arbre;* lisez : *au sommet de cet arbre.*

Page 159, onzième ligne ; au lieu de : *Dampère* ; lisez : *Dampierre.*

LEÇONS D'HYDRAULIQUE.

ÉTUDE

DES

MOTEURS HYDRAULIQUES.

CHAPITRE PREMIER.

CONSIDÉRATIONS GÉNÉRALES SUR LES MOTEURS HYDRAULIQUES.

1. DE L'EAU CONSIDÉRÉE COMME MOTEUR. — Il est bon avant d'entreprendre l'étude des moteurs hydrauliques, d'examiner la nature de la puissance motrice de l'eau, afin de mettre en garde contre certaines erreurs.

« L'eau, dit Christian, n'agit comme moteur que lorsqu'elle
» est entraînée par son propre poids d'un point élevé à un
» point qui l'est moins ; c'est donc la pesanteur qui est le
» principe de son action. Ne perdons jamais de vue qu'elle
» n'a point de force par elle-même, elle présente le même
» phénomène qu'une pierre, qu'une masse inerte quelconque
» élevée à une certaine hauteur, c'est-à-dire qu'elle tombe
» par l'effet de la pesanteur jusqu'au point le plus bas, si
» elle n'est pas soutenue ou arrêtée par quelque obstacle.

» Ainsi, une masse d'eau, quelque considérable qu'elle
» puisse être, ne peut jamais servir de moteur, tant qu'elle
» ne cède pas à l'action de la pesanteur, c'est-à-dire, tant

» qu'elle ne peut se mouvoir pour tomber ou couler du point
» élevé où elle est, sur un point moins élevé. Ce n'est que
» lorsque l'eau, cédant aux lois de la pesanteur, passe d'un
» point à un autre, qu'une force motrice apparaît et qu'on
» peut la saisir au passage. On aurait beau employer toutes
» les combinaisons mécaniques, toutes les inspirations du
» génie, l'eau en repos ne sera jamais une force mécanique.

» Il est important d'insister sur cette vérité incontestable,
» parce que beaucoup de gens, pour la méconnaître, perdent
» leur temps et quelquefois leur fortune en efforts, en recher-
» ches à jamais inutiles.

» Toutes les fois que l'on veut faire agir l'eau comme
» moteur, il faut que la pesanteur en soit le principe
» d'action immédiat. Elevez l'eau par un moteur quelcon-
» que pour tirer ensuite parti de la chute que vous lui
» avez ménagée, la force première ainsi transformée pro-
» duira moins d'effet, que si elle était employée directe-
» ment et d'une manière convenable sans l'intermédiaire de
» l'eau. »

Ces quelques phrases, extraites presque textuellement
du traité de Christian, sont non seulement d'une parfaite
justesse, mais elles répondent encore avec une grande netteté
aux préjugés que les efforts de la science n'ont pu déraciner
entièrement.

2. FORCE ABSOLUE D'UN COURS D'EAU. — Pour que l'eau puisse
être employée comme force motrice, il faut donc qu'elle tombe
d'une certaine hauteur ou qu'elle coule sur un plan incliné,
c'est-à-dire qu'elle doit former une chute ou un courant. —
Dans les deux cas, la quantité d'action dont elle se trouve
capable en un point quelconque est, pour une seconde,
la moitié de sa force vive en ce point; c'est-à-dire, le
produit de la moitié de la masse d'eau m écoulée en une
seconde par le carré de sa vitesse V ou $\frac{m\mathrm{V}^2}{2}$. On donne
ordinairement une autre forme à cette expression, en dé-

signant par P le poids du volume débité en $1''$ et H la hauteur de chute qui engendre la vitesse V, on a :

$$\frac{mV^2}{2} = PH ;$$

car

$$m = \frac{P}{g} \quad \text{et} \quad V^2 = 2gH.$$

La quantité de travail que peut produire une chute d'eau est donc représentée en kilogrammètres par le produit du poids liquide dépensé en $1''$ par la distance verticale comprise entre le niveau du réservoir et celui du canal de fuite.

Pour l'exprimer en chevaux-vapeurs, il faudrait diviser ce produit par 75.

3. CLASSIFICATION DES ROUES HYDRAULIQUES. — On donne le nom général de *roues hydrauliques* aux machines destinées à recevoir et transmettre à un arbre tournant la force motrice dont est doué un cours d'eau ; elles se divisent en deux grandes classes : 1° celles dont l'axe est horizontal ; 2° celles dont l'axe est vertical ; celles-ci ont reçu dans ces dernières années le nom de *turbines*.

4. DIVERSES ESPÈCES DE ROUES A AXE HORIZONTAL. — Les roues à axe horizontal se divisent en trois genres distincts par la position du point où l'eau vient agir sur elles, ce sont :

1° Les roues sur lesquelles l'eau agit à la partie inférieure, on les appelle *roues en dessous ;*

2° Les roues sur lesquelles l'eau agit à peu près vers le centre ou *roues de côté ;*

3° Les roues qui reçoivent l'eau à la partie supérieure ou *roues en dessus.*

5. DESCRIPTION GÉNÉRALE DES DIVERSES ROUES HYDRAULIQUES A AXE HORIZONTAL. — 1° *Roues en dessous.*— Les roues en dessous les plus anciennes ont pour pièces principales (Pl. I, Fig. 1) :

1° Un axe ou arbre tournant a ;

2° Deux ou trois jantes ou cercles J qui forment la circonférence solide de la roue ;

3° Des bras b, disposés d'une manière fort diverse, qui relient l'arbre aux jantes ; il y a autant de systèmes de bras que de jantes ;

4° Des bracons b', fortes chevilles en bois implantées dans les jantes ;

5° Des palettes ou aubes planes p, boulonnées sur les bracons ;

6° Quelquefois des fonçures f, planches fixées à plat sur les jantes parallèlement à l'arbre et fermant l'intervalle d'une palette à l'autre, de manière que l'eau ne jaillisse pas à l'intérieur de la roue après avoir frappé les palettes.

L'eau sort d'une vanne verticale s, puis est retenue et dirigée sur les palettes inférieures de la roue par un coursier incliné généralement du douzième au quinzième.

Dans ces derniers temps, ces roues ont reçu de notables perfectionnements ; la vanne a été inclinée à 45°, les palettes au lieu d'être droites ont reçu une forme courbe. On a supprimé les fonçures en donnant aux aubes une hauteur suffisante, et on a placé sur les aubes des couronnes verticales qui empêchent l'eau de s'échapper, sans agir sur la roue (Pl. I, Fig. 2).

2° *Roues de côté.* — Les roues de côté sont quelquefois construites comme les anciennes roues en dessous à fonçures ; mais elles reçoivent l'eau d'une vanne ou mieux d'un déversoir, à peu près à hauteur du centre, et sont emboîtées depuis le point d'arrivée de l'eau jusqu'au point où elle sort dans un coursier circulaire qui empêche l'eau de s'échapper latéralement (Pl. I, Fig. 3).

Ces roues sont désignées sous le nom de *roues de côté à palettes planes* pour les distinguer d'une autre espèce de roues de côté dites *roues à augets de côté;* dans celles-ci, l'eau arrive sur la roue à 60° du sommet, elle est reçue dans des palettes brisées qui portent le nom d'augets et ces augets sont compris entre deux couronnes, analogues à celles des roues en dessous à aubes courbes, dont l'effet s'ajoute à celui d'un coursier circulaire.

3° *Roues en dessus.* — Enfin les roues en dessus sont toujours des roues à augets, elles ne diffèrent des précédentes que par le point d'arrivée de l'eau et par la suppression du coursier circulaire (Pl. 1, Fig. 4).

Cette courte description n'a pour but que de rendre plus intelligible ce qui va suivre ; on verra plus tard les détails de ces divers moteurs.

6. Divers modes d'action de l'eau. — L'eau agit de deux manières sur les roues hydrauliques : 1° par son inertie, 2° par son poids et son inertie.

L'eau agit par son inertie, quand elle vient rencontrer un corps qui a une vitesse inférieure à la sienne et l'abandonne ensuite : c'est le cas des roues en dessous ; elle agit par son poids et son inertie, lorsque les pièces destinées à recevoir le mouvement, frappées d'abord par l'eau, la retiennent ensuite sur elles pendant une certaine hauteur : c'est le cas des roues en dessus et de côté.

7. Effet utile des moteurs hydrauliques. — Il est clair que l'effet utile des roues hydrauliques varie avec leurs diverses formes qui sont du reste une conséquence des divers modes d'application de la force motrice. Je vais chercher tout d'abord sa valeur théorique en fonction des variables qui entrent naturellement dans la question.

On sait que, lorsqu'une machine est animée d'un mouvement uniforme, le travail moteur est égal au travail résistant. Ce travail résistant se compose toujours de deux parties distinctes : 1° du travail dû aux résistances utiles, qu'il faut vaincre ou détruire pour produire l'effet proposé, l'ouvrage que la machine doit exécuter et que je désignerai sous le nom de *travail utile ;* 2° du travail dû aux résistances nuisibles ou passives, inhérentes au mouvement, telles que les frottements, etc.

Soient donc : T_m le travail moteur de l'eau ;

$\quad\quad\quad\quad\quad$ T_u le travail utile ;

$\quad\quad\quad\quad\quad$ T_r le travail résistant nuisible.

On a :

$$T_m = T_u + T_r$$

d'où

$$T_u = T_m - T_r$$

Pour avoir le travail utile d'une roue hydraulique animée d'un mouvement uniforme, il suffit donc de trouver la valeur de l'expression $T_m - T_r$.

Déterminons premièrement T_m ; j'ai dit précédemment que l'eau peut agir de deux manières sur les roues par inertie simplement, ou bien par poids et inertie.

Je traiterai le second cas dans une théorie générale ; on verra la modification à apporter lorsqu'elle n'agira que par inertie.

Supposons une hauteur de chute disponible H ; une masse d'eau m vient alimenter la roue pendant chaque unité de temps, elle tombe d'une hauteur h et vient frapper la roue avec une vitesse $V = \sqrt{2gh}$, puis soutenue par diverses parties de la roue elle descend sur elles pendant une hauteur h' telle que $h + h' = H$.

D'après ces données, il est clair que le travail moteur T_m se compose de deux parties ; l'eau arrivant sur la roue avec une vitesse V est susceptible d'un travail d'inertie égal à $\frac{1}{2} mV^2$, puis agissant par son poids, pendant une hauteur h' elle développe encore un travail moteur égal à mgh', donc :

$$T_m = \frac{1}{2} mV^2 + mgh'.$$

Déterminons maintenant T_r.

L'eau, à son arrivée sur le récepteur rencontre des pièces et des masses fluides qui n'ont pas la même vitesse qu'elle, de là des chocs qui lui font perdre une certaine portion U de sa vitesse et par suite une quantité de travail qui est $\frac{mU^2}{2}$.

De plus l'eau, à sa sortie du récepteur, possède généralement une certaine vitesse W, elle est donc encore susceptible d'un travail qui est $\frac{1}{2} mW^2$ et qui n'étant pas utilisé doit entrer dans l'expression générale du travail perdu. Donc :

$$T_r = \frac{1}{2} mU^2 + \frac{1}{2} mW^2.$$

Il vient donc finalement :

$$T_u = \frac{1}{2} mV^2 + mgh' - \frac{1}{2} mU^2 - \frac{1}{2} mW^2.$$

Le travail de la résistance utile T_u peut toujours être assimilé à celui qu'exigerait l'élévation verticale d'un poids P qui agirait vers l'extrémité du rayon, au point où le filet moyen de la veine liquide vient rencontrer la roue ; si v est la vitesse de ce point, Pv est l'expression de l'effet utile de la roue.

L'équation générale qui donne l'effet utile des moteurs hydrauliques est donc :

$$Pv = \frac{1}{2} mV^2 + mgh' - \frac{1}{2} mU^2 - \frac{1}{2} mW^2.$$

Si l'eau agissait seulement par son inertie on ferait $h' = o$.

Nous avons vu que $V^2 = 2gh$ et que $H = h + h'$; conséquemment cette équation peut être mise sous la forme :

$$Pv = mgH - \frac{1}{2} mU^2 - \frac{1}{2} mW^2$$

$$= mgH - \frac{1}{2} m\,(U^2 + W)$$

que l'on traduira ainsi en langage ordinaire :

L'effet utile d'une roue hydraulique est égal au travail moteur de l'eau, moins la demi-somme des forces vives qu'elle perd par le choc en y entrant et qu'elle conserve en la quittant.

8. Conditions générales du maximum d'effet. — Le travail utile est d'autant plus grand que ces deux sommes de forces

vives sont plus petites, son maximum absolu a lieu quand
on a :

$$U = o \text{ et } W = o;$$

c'est-à-dire, quand l'eau entre sans choc et sort sans vitesse.

Dans ce cas l'effet utile est égal au travail moteur, si toutefois l'eau quitte les aubes au point le plus bas possible, c'est-
à-dire si H a sa valeur maximum, celle de la chute disponible.

Cherchons maintenant quelles sont les combinaisons qui
peuvent donner : $U = o$ et $W = o$.

**9. DÉTERMINATION DE LA VITESSE PERDUE DANS LE CHOC QUAND L'EAU
AGIT PAR SON INERTIE** (Pl. I, Fig. 5). — Examinons d'abord le cas
où le liquide agit seulement par son inertie, l'eau animée d'une
vitesse V, dans une direction CD, vient rencontrer en C une
palette AB qui se meut elle-même avec une vitesse v dans
une direction CE. On peut concevoir les vitesses V et v dé-
composées chacune en deux autres, l'une suivant AB et l'autre
suivant la normale à AB ; les composantes parallèles à AB
seront $V \cos \alpha$ et $v \cos \beta$; les composantes normales seront
$V \sin \alpha$ et $v \sin \beta$, en désignant par α et β les angles de V
et v avec AB.

L'eau en vertu des vitesses tangentielles glisse sur la palette
et tend à la quitter ; le choc ne dépend absolument que des
vitesses normales ; le liquide étant obligé de prendre dans ce
sens la vitesse de la palette, la vitesse perdue U sera égale
à $V \sin \alpha - v \sin \beta$ et il n'y aura pas de choc si :

$$V \sin \alpha = v \sin \beta.$$

**10. CONDITIONS POUR QUE L'EAU ENTRE SANS CHOC QUAND ELLE
N'AGIT QUE PAR SON INERTIE.** — On peut remplir cette condition
de différentes manières au point de vue algébrique, mais
une seule est applicable à la construction des roues.

La vitesse perdue est nulle si :

$$v = V \text{ et } \sin \alpha = \sin \beta;$$

mais cette solution n'est pas admissible en pratique. En effet, il est clair que dans l'expression Pv de l'effet utile, P peut être considéré comme représentant la pression de l'eau sur les palettes de la roue, v indiquant la vitesse du point pressé, et que pour rendre Pv maximum, il ne faut pas augmenter indéfiniment P et v. La quantité de travail qu'un moteur quelconque peut fournir dans un temps donné étant nécessairement limitée, il est dans la nature des choses que les quantités P et v aient entre elles une relation telle que l'une ne puisse augmenter sans que l'autre diminue et réciproquement. Il est évident, en effet, que la pression P sera maximum quand la roue sera immobile, alors $v = o$ et l'effet utile est nul; si la roue commence à se mouvoir, P diminue, et si v devenait égal à la vitesse du courant, on aurait $P = o$ et $Pv = o$.

On doit conclure de là que Pv est une fonction de v qui devient maximum pour une valeur de v comprise entre $v = o$ et $v = V$, que l'analyse et l'expérience doivent déterminer.

Il résulte de cette discussion que quand un cours d'eau de vitesse uniforme V vient agir par son inertie seulement sur les palettes d'une roue animée d'une vitesse v, on ne peut obtenir le maximum d'effet en faisant $v = V$. Par suite on ne saurait pour empêcher le choc à son entrée sur la roue prendre $v = V$ et $\sin \alpha = \sin \beta$.

Un second moyen d'avoir $U = o$ est de faire $\alpha = o$ et $\beta = o$; cette hypothèse exigerait que l'eau motrice entrât tangentiellement au premier élément de l'aube et que ce premier élément fût lui-même dans la direction de la vitesse v.

Ces conditions admissibles en théorie ne sont pas réalisables en pratique. L'entrée et la sortie de l'eau se feraient difficilement dans une pareille roue; de plus il faut remarquer que la veine liquide qui alimente une roue a une certaine épaisseur, qu'il n'est donc pas possible de la faire entrer tangentiellement à une aube donnée; si les filets inférieurs lui sont tangents, les filets supérieurs ne le seront pas.

J'aurai du reste occasion de revenir sur ces notions, à propos de la roue du général Poncelet.

2

Il faut donc faire en sorte que U soit égal à zéro indépendamment de toute hypothèse particulière sur V, v, α et β.

Remarquons que si $V \sin \alpha = v \sin \beta$, les composantes normales de V et v seront égales; par conséquent si l'on prend des longueurs CE, CH représentant v et V et qu'on mène par les points E et H des parallèles à AB, elles rencontreront la normale au même point K; dès lors CH ou V sera la diagonale d'un parallélogramme dont l'un des côtés sera tangent à la palette et dont le second aura la valeur et la direction de v.

Donc pour que U soit égal à zéro, c'est-à-dire *pour que l'eau entre sans choc sur la roue, il faut que la vitesse d'introduction de l'eau V puisse se décomposer en deux vitesses, dont l'une soit égale et dirigée comme la vitesse de l'aube et dont l'autre soit parallèle à l'élément de l'aube que rencontre le liquide à son arrivée sur la roue.*

11. Détermination de la vitesse de sortie W quand l'eau agit seulement par son inertie (Pl. I, Fig. 6). — La vitesse W avec laquelle l'eau quitte la palette est évidemment la résultante de la vitesse de la roue v et des vitesses tangentielles, $V \cos \alpha$ et $v \cos \beta$; ainsi en posant : $u' = V \cos \alpha \pm v \cos \beta$ (selon le sens de v) il vient :

$$W = \sqrt{u'^2 + v'^2 - 2u'v' \cos \varphi} \; ;$$

v' étant la vitesse du point de sortie A et φ l'angle de la palette avec la circonférence extérieure.

12. Conditions pour que W soit nulle dans le cas précédent. — Pour que $W = o$ il faudra en général que l'on ait :

$$u' = v' \text{ et } \varphi = o \; ;$$

l'une de ces relations $\varphi = o$ n'est pas admissible, l'expérience prouve que l'angle φ doit être d'au moins 20° pour que l'eau sorte facilement de la roue; de plus on n'est pas toujours maître de poser $u' = v'$, car cette équation entraine une relation entre v et V qui peut être contradictoire avec celle qu'exige le maximum d'effet utile.

13. Résumé de la discussion relative au cas ou l'eau agit par inertie seulement. — *Ainsi, quand l'eau agit seulement par son inertie sur des roues, on peut la faire entrer sans choc, mais il est impossible, en général, de la faire sortir sans vitesse.*

14. Détermination de la vitesse perdue dans le cas ou l'eau agit a la fois par son poids et par son inertie. — Nous avons supposé dans ce qui précède que l'eau, après avoir rencontré la palette, peut s'échapper librement, il n'en est ainsi que lorsqu'elle agit seulement par son inertie; mais si elle agit aussi par son poids, elle est retenue dans des espèces d'augets et ne peut sortir qu'au bout d'un certain temps; dès lors la théorie précédente n'est plus applicable (Pl. I, Fig. 7).

Dans le cas des roues de côté à palettes planes ou des roues à augets, par exemple, le liquide après avoir choqué une palette rencontre une masse liquide déjà arrivée sur la roue ou d'autres parties de la machine, il se produit alors une nouvelle perte de force vive, et après quelques tourbillonnements tout mouvement relatif est éteint et le fluide ne conserve plus que la vitesse propre de la roue; la vitesse perdue U est donc dans ce cas la résultante des vitesses perdues dans le sens normal et tangentiel à la palette frappée; on a donc, en conservant les notations précédentes :

$$U = \sqrt{(V \sin \alpha - v \sin \beta)^2 + (V \cos \alpha - v \cos \beta)^2}$$

ou

$$U = \sqrt{V^2 + v^2 - 2Vv \cos (\beta - \alpha)};$$

U sera en général égal à zéro si

$$v = V \text{ et } \beta - \alpha = 0.$$

15. Conditions pour que l'eau entre sans choc quand elle

AGIT PAR SON POIDS ET SON INERTIE. — La première relation est admissible, car il faut remarquer que dans le cas considéré l'eau possède comme tous les corps tombant librement un mouvement uniformément accéléré, et que la roue ayant au contraire un mouvement uniforme l'égalité des vitesses v et V lui permet de presser les palettes et d'agir ensuite par son poids. Rien n'empêche également de réaliser la relation $\beta - \alpha = o$ en disposant les palettes de manière que le filet moyen arrive dans la direction de la vitesse du point qu'il rencontre.

16. DÉTERMINATION DE LA VITESSE DE SORTIE W DANS CE DERNIER CAS. — Dans les roues où l'eau agit par son poids, le liquide restant pendant un certain temps enfermé dans les augets prend naturellement la vitesse de la roue et les quitte avec cette même vitesse ; dès lors W ne saurait être nul.

17. RÉSUMÉ GÉNÉRAL. — *On voit donc que pour chaque espèce de roue, on peut au point de vue théorique faire entrer l'eau sans choc, mais il est généralement impossible de la faire sortir sans vitesse ;* par suite les conditions du maximum absolu d'effet utile ne sont pas réalisables et on est réduit à chercher, pour chaque espèce de roue, le minimum du terme $\frac{1}{2} m (U^2 + W^2)$ d'après les données dont on peut disposer.

CHAPITRE II.

ROUES EN DESSOUS.

18. Anciennes roues en dessous. — J'ai donné précédemment la description des anciennes roues en dessous ; on a vu que l'eau , à sa sortie du réservoir, était dirigée par un coursier incliné du douzième au quinzième sur les palettes inférieures de la roue ; ces palettes sont boulonnées sur des bracons fixés à des jantes reliées chacune par un système de bras à un arbre horizontal.

Le nombre de jantes dépend de la largeur de la roue ; enfin la vanne est généralement verticale.

Ces roues, malgré les défauts que nous aurons à signaler, sont employées encore dans un grand nombre d'usines , par suite de la simplicité de leur construction et de l'empire de la routine.

19. Application de l'équation générale des moteurs hydrauliques aux anciennes roues en dessous ; valeur de l'effet utile théorique et pratique ; conditions du maximum d'effet utile. — On voit que dans ces roues l'eau n'agit que par son inertie ; le terme mgh' doit donc être supprimé, quand on leur applique l'équation générale ; de plus, l'eau venant avec une vitesse V choquer une palette en un point dont la vitesse est v et ces deux vitesses étant sensiblement dirigées dans le même sens, on peut admettre que :

$$U = V - v ;$$

et que l'eau quitte la roue avec une vitesse W sensiblement égale à v.

Introduisant ces relations dans l'équation générale :

$$Pv = \frac{1}{2}mV^2 + mgh' - \frac{1}{2}mU^2 - \frac{1}{2}mW$$

il vient :

$$Pv = \frac{1}{2}mV^2 - \frac{1}{2}m(V - v)^2 - \frac{1}{2}mv^2 ;$$

développant le carré et réduisant, on a :

$$Pv = mv(V - v).$$

Pour que l'effet utile Pv soit maximum, il faut que le produit $v(V - v)$ soit lui-même maximum ; la seule variable étant v, la condition du maximum sera donnée en égalant à zéro la différentielle prise par rapport à v ; il vient :

$$dv(V - v) - vdv = o$$

ou

$$V - 2v = o$$

ou

$$v = \frac{V}{2} \qquad [*].$$

Pour les roues en dessous, la théorie indique donc que le maximum d'effet utile a lieu quand la vitesse du point frappé de la roue par le centre de la veine liquide est la moitié de la vitesse de l'eau.

La substitution de la valeur $v = \frac{V}{2}$ dans l'équation :

$$Pv = mv(V - v)$$

donne :

$$Pv = \frac{1}{2}\frac{mV^2}{2}$$

qui est la valeur de l'effet utile d'une roue en dessous à palettes planes établie dans les conditions du maximum.

---

[*] La note 1 , placée à la fin de l'ouvrage , établira cette condition d'une manière plus simple.

On voit que cet effet utile n'est que la moitié du travail $\frac{mV^2}{2}$ fournie par le moteur.

Mais, malgré tous les soins apportés à la construction d'une machine, elle ne peut jamais rendre l'effet utile théorique, le calcul suppose des assemblages parfaits, des pièces rigides et inextensibles, etc., et ne tient pas compte du jeu nécessaire qui existe entre les palettes et le coursier.

Les expériences de Bossut et Smeaton ont prouvé que les roues en dessous à aubes planes ne rendaient jamais que les 0,60 de l'effet théorique, et que la relation qui donnait le maximum d'effet utile était $v = 0,45\,V$; de sorte que l'effet utile d'une roue de cette espèce établie dans les meilleures conditions sera :

$$0,60 \times m \times 0,45\,V\,(V - 0,45\,V)$$

ou

$$0,296\ m\ \frac{V^2}{2}.$$

C'est-à-dire, en langage ordinaire, les trente centièmes environ du travail moteur utilisé. En général, l'effet utile sera donné par l'équation :

$$Pv = 0,60\ mv\,(V - v);$$

mais $m = \dfrac{p}{g} = \dfrac{1000\ D}{g}$, p étant le poids en kilogrammes de la dépense D (en mètres cubes) fournie par la vanne, d'où :

$$Pv = 0,60\ \frac{1000\ D}{9,81}\ v\,(V - v),$$

et après les réductions :

$$Pv = 61\ Dv\,(V - v).$$

Les expériences ont encore prouvé que le maximum d'effet utile n'exigeait pas absolument la condition $v = 0,45\,V$ et que l'on pouvait, sans diminuer sensiblement le rendement, faire varier v depuis $0,33\,V$ jusqu'à $0,50\,V$. Il faut toutefois remarquer que dans ces formules pratiques on a changé la signification de v, au lieu d'être la vitesse du point frappé par le filet moyen de la veine liquide c'est celle de l'extrémité de la palette ou de la circonférence extérieure, ce qui est beaucoup plus commode pour les applications.

Ces expériences ont été faites par Bossut et Smeaton, je me contente d'en indiquer les résultats, me réservant de consacrer plus loin un chapitre spécial à l'étude des expériences au frein.

20. Dimensions des diverses parties de ces roues. — Examinons maintenant les diverses parties de la roue et voyons quelles doivent être leurs dimensions.

Rayon. — L'équation théorique $Pv = mv\,(V - v)$ montre que l'effet utile ne dépend pas directement du rayon de la roue; les considérations qui servent à le déterminer sont les suivantes :

Les différentes machines outils, que la roue motrice d'un atelier met en mouvement, doivent marcher avec une vitesse connue dans chaque cas; il est important que la roue transmette aux outils cette vitesse avec le plus de simplicité et avec le moins d'engrenages et d'intermédiaires possibles; de la vitesse des machines opératrices on déduit donc le nombre de tours qu'il convient que la roue fasse dans une minute; si n est ce nombre de tours, il est clair que la vitesse v à la circonférence extérieure est égale à $\dfrac{2\pi R n}{60}$, R désignant le rayon de la roue, on a donc :

$$v = \frac{2\pi R n}{60};$$

de plus pour le maximum d'effet on posera :

$$v = 0,45\,V;$$

et comme V est donnée approximativement par la disposition du barrage adopté, on conclut R. (Le deuxième cas, traité au numéro 24, lèvera les difficultés que peuvent présenter ces notions générales.)

D'autres considérations viennent toutefois modifier ce mode

de détermination du rayon ; il faut que la roue soit assez grande pour régulariser le travail et faire l'office de volant, d'où il résulte que 1^m,50 est considéré comme un minimum de rayon. D'un autre côté, une roue trop volumineuse aurait un grand poids, le frottement des tourillons dans leurs coussinets ferait perdre une grande quantité de l'effet utile, aussi on n'admet guère de rayon plus grand que 4 mètres.

Quelques constructeurs donnent à ces roues un rayon de 1^m,50 quand la chute est inférieure à ce nombre, et un rayon égal à la chute si celle-ci dépasse 1^m,50. Cette règle peut être suivie toutes les fois qu'il n'en résultera pas une trop grande complication dans la transmission du mouvement.

Palettes. — Le nombre des palettes dépend naturellement du rayon de la roue ; l'expérience a montré qu'il était avantageux d'adopter les nombres suivants :

Pour R = 1^m,50 le nombre de palettes sera 24

   R = 2^m,00   —   28

   R = 2^m,50   —   32

   R = 3^m,00   —   36

   R = 3^m,50   —   40

   R = 4^m,00   —   44

On voit que le nombre de palettes est divisible par quatre ; c'est qu'en effet la construction des roues se fait par quart, et il est commode de mettre le même nombre de palettes dans chacune des parties. Les nombres indiqués pour les palettes ne sont pas invariables, on pourrait augmenter de quatre chacun d'eux.

Direction des palettes. — Les palettes sont placées suivant les rayons de la roue ; Deparcieux et Bossut ont toutefois obtenu une légère augmentation d'effet en les inclinant vers l'amont, d'un angle d'environ de 25° sur le prolongement du rayon.

Hauteur des palettes. — Leur hauteur ou longueur dans le sens du rayon est déterminée par la condition que l'eau ne tende pas à entrer dans la roue, au moment où son choc contre les palettes produit une dilatation dans la veine liquide. On prévient la perte d'effet qui en résulterait en donnant à l'aube une hauteur égale à trois fois l'épaisseur de la veine sans toutefois dépasser $0^m,65$.

Épaisseur de la veine liquide. — L'épaisseur de la veine liquide doit être comprise entre $0^m,15$ et $0^m,25$. Si elle était plus petite, la quantité d'eau qui s'échappe entre les palettes et le coursier par le jeu serait proportionnellement trop grande et le rendement diminuerait.

Levée de vanne. — Ce que je viens de dire sur l'épaisseur de la vanne liquide détermine la levée de vanne.

Disposition de la vanne — Dans toutes ces roues les vannes sont placées verticalement, il est clair qu'il serait avantageux de les incliner à 45°, tout en supprimant la contraction sur les divers côtés de l'orifice d'écoulement. Cette disposition, en augmentant le coefficient de dépense, mène à des roues moins larges et par suite moins pesantes, en même temps que diminuant la longueur du coursier elle supprime une cause de perte de vitesse pour l'eau motrice.

Inclinaison du coursier. — A sa sortie de la vanne, l'eau est dirigée par le coursier sur la roue; le coursier doit être incliné du douzième au quinzième. Quand le cours d'eau sur lequel la roue est établie n'est pas sujet à des crues trop fortes, on peut placer la partie inférieure des palettes ou le fond du coursier au-dessous du niveau d'aval, en prolongeant les côtés verticaux de ce coursier à trois ou quatre mètres en aval et tenant leurs bords assez élevés au-dessus du même niveau. On utilise alors la force vive mv^2, possédée par l'eau à sa sortie de la roue, à refouler les eaux d'aval qui tendraient à la noyer et on obtient un effet utile qui est celui qui correspond à la hauteur $H + K$, K étant la quantité dont on a abaissé le coursier au-dessous du niveau d'aval. Ce dispositif permet encore de marcher avantageusement dans les petites crues, car l'eau ne peut pénétrer par les côtés du coursier, et la grande masse liquide dont on peut disposer pour agir sur la roue permet encore de la dégager.

Ces considérations montrent qu'il est désavantageux de pratiquer un ressaut sous le centre de la roue.

Jeu des palettes dans le coursier. — Il est nécessaire de laisser un certain intervalle entre les palettes et le coursier, car le bois tend à se gonfler dans l'eau et au bout de quelque temps les joints prennent du jeu. Cet intervalle sera de 0,015 à 0,020 ; s'il était plus petit, les palettes frapperaient bientôt le fond du coursier ; s'il était plus grand, une quantité trop considérable d'eau s'échapperait sans agir sur la roue.

On trouve cependant des roues où ce jeu est de $0^m,06$, elles sont donc très-défectueuses, et les formules que j'ai données pour calculer l'effet utile doivent être modifiées dès que le jeu dépasse $0^m,02$. Voici comment (Pl. 1, Fig. 8) :

Si l'on désigne par A la portion de la surface de la palette qui est immergée, AV est le volume d'eau qui agit utilement sur la roue, par conséquent dans l'équation :

$$Pv = 61\, Dv\,(V - v).$$

Il faut remplacer D par AV ; mais, dans ce cas, le calcul tenant compte du jeu qui existe entre les palettes et le coursier, le coefficient 0,60 résultant des observations de Bossut et Smeaton, qui supposent un jeu de $0^m,02$, n'est plus admissible.

Des expériences peu nombreuses, il est vrai, de Christian, prouvent qu'il faut adopter 0,75 ; l'équation de l'effet utile sera donc, après toute réduction :

$$Pv = 76,45\, AVv\,(V - v).$$

Largeur de la roue. — La roue doit avoir pour largeur celle de la veine liquide ou de la vanne augmentée de $0^m,10$; à sa sortie du vannage, l'eau tend à se dilater horizontalement, il faut donc que la roue soit un peu plus large que la vanne afin de recevoir la pression de tous les filets liquides.

21. CONDITIONS QUE DOIT REMPLIR UNE BONNE ROUE HYDRAULIQUE. — Demandons-nous maintenant quelles sont les conditions

que doit remplir en général un moteur hydraulique. Ces conditions sont :

1º Facilité de construction et de réparation ;

2º Rendement avantageux ;

3º Faculté de marcher même dans les crues ;

4º Tenir le moins de place possible ;

5º Pouvoir, dans certaines limites, varier de vitesse sans s'éloigner sensiblement du maximum d'effet ;

6º Ne s'arrêter que sous l'effet d'une résistance bien plus grande que celle qui correspond au maximum d'effet.

Je n'ai pas à discuter les quatre premières conditions ; il est clair qu'il est avantageux d'avoir, dans une usine, un moteur qui se construise facilement, qui exigeant peu de frais d'installation et d'entretien ait un rendement assez grand, marche malgré les variations des cours d'eau et occupe le moins de place possible ; mais il faut expliquer les deux dernières dont la nécessité est beaucoup moins évidente.

Les roues hydrauliques doivent mener dans les ateliers un certain nombre de machines outils, tels que : *laminoirs, machines à percer, tours, meules, etc.* Celles-ci agissent sur des matières plus ou moins homogènes qui ne présentent pas continuellement la même résistance. Si la résistance vient à augmenter, la vitesse de la roue décroît, et il est important que ces variations de vitesse ne diminuent pas la force du moteur, et que la roue puisse toujours faire marcher les machines opératrices auxquelles elle doit communiquer le mouvement.

La plus grande résistance se rencontre dans la mise en train, parce qu'il faut vaincre en ce moment l'adhérence et l'inertie de toutes les pièces ; il est donc important que la roue puisse, quand v est très-faible, donner un effort P beaucoup plus grand que celui qui correspond au maximum d'effet utile.

22. Propriétés des roues en dessous à palettes planes. — Voyons jusqu'à quel point le moteur étudié remplit ces conditions. On ne peut rien imaginer de plus facile à construire et à réparer, le plus mauvais charpentier pourra faire une de ces roues. Son rendement est très-faible, il n'est que les 0,30 du travail moteur quand la roue est construite dans les conditions les plus avantageuses ; sous ce point de vue elle est inférieure à tous les autres moteurs hydrauliques.

Elle marche noyée, mais je ne connais point d'expérience qui indique la limite que l'on peut atteindre : je crois toutefois qu'avec le coursier prolongé, comme je l'ai indiqué, elle pourra marcher noyée de $0^m,20$ environ.

Elle n'occupe ni plus ni moins d'espace que les autres roues hydrauliques à axe horizontal. Sa vitesse peut varier depuis 0,33 V jusqu'à 0,50 V, sans que l'effet utile soit sensiblement inférieur à sa valeur maximum, mais son mouvement est rendu irrégulier lorsque la résistance n'est que 1.1 ou 1.2 de l'effort qui correspond au maximum d'effet.

En résumé, cette roue est avantageuse quand on a peu de ressources à sa disposition et une force motrice quatre ou cinq fois plus grande que celle dont on a besoin.

23. Modifications apportées a cette roue par les anciens ingénieurs. — Le but des hydrauliciens a été pendant bien longtemps de donner à cette roue une disposition qui lui permit de fournir un plus grand rendement. On a vu que Deparcieux et Bossut avaient incliné les palettes de 25° vers l'amont, au lieu de les placer sur le prolongement du rayon ; cette modification n'est réellement bonne que lorsque la roue est sujette à être noyée, les palettes peuvent alors sortir plus facilement de l'eau.

Un ingénieur italien, Morosi, avait proposé de placer, sur le pourtour des palettes, des liteaux de $0^m,05$ à $0^m,08$ de saillie, afin d'empêcher l'eau de s'échapper latéralement sans agir efficacement sur la roue ; les expériences de M. Poncelet ont prouvé que cette modification n'augmente l'effet utile que de $\frac{1}{12}$ à $\frac{1}{15}$ de sa valeur dans le cas où les rebords sont supprimés.

Quelques constructeurs, au lieu de faire un coursier plan,

tracent un coursier incliné au dixième ou au quinzième, dirigeant l'eau vers la deuxième aube, en amont du diamètre vertical. Là, le radier se courbe concentriquement à la roue jusqu'à l'aplomb de ce diamètre, puis vient un ressaut de 0,20.

Par ce moyen la roue devient une roue de côté, l'eau agit par son inertie et par son poids.

24. Marche a suivre dans un projet de roue a palettes planes en dessous. — Proposons-nous maintenant comme application de construire une roue à palettes planes de cette espèce dans les conditions suivantes :

La roue devra utiliser une chute de $2^m,00$, donner un effet utile de 5 chevaux et conduire des machines ayant besoin d'une très-grande vitesse.

La roue devant faire un grand nombre de tours pour simplifier la transmission de mouvement, je prendrai pour rayon $R = 1^m,50$, qui est la valeur minimum fixée précédemment ; je décrirai donc une circonférence de $3^m,00$ de diamètre, puis une seconde ayant pour rayon $1,50 + 0,2$ (jeu de la roue), une tangente ab à cette dernière circonférence, inclinée au douzième, donnera la direction du coursier (Pl. I, Fig. 9).

L'épaisseur de la veine sera de $0^m,25$; à une distance cd du coursier égale à $0^m,25$, je mène de parallèle à ab, l'ensemble de ces deux lignes représente la veine liquide.

Le vannage sera à 45° et passera à $0^m,10$ de la roue, de manière que ek sera la levée de la vanne.

On placera l'extrémité des palettes inférieures au niveau moyen des eaux d'aval ; $hf = 1^m,69$ sera par suite la charge sur le bord supérieur de l'orifice et $hi = 1^m,835$ la charge sur son centre.

D'après cela, l'eau sortira de l'orifice avec une vitesse $V' = \sqrt{2g \times 1,835} = 6^m,00$; mais la présence du coursier, les tourbillons à l'approche de la roue la diminueront un peu, et nous prendrons pour vitesse d'arrivée V celle qui est due à la charge $1^m,69$ sur le bord supérieur de l'orifice. L'expérience a prouvé que cette manière de déterminer la vitesse d'arrivée sur la roue était suffisamment exacte. On a donc :

$$V = \sqrt{2g \times 1,69} = 5^m,76 ;$$

pour que la roue donne le maximum d'effet utile, il faut que :

$$v = 0,45 \, V = 0,45 \times 5^m,76 = 2^m,5920.$$

La roue doit fournir un travail dynamique de 5 chevaux, donc :

$$5 \times 75 = 61 \, D \times 2,59 (5,76 - 2,59);$$
$$575 = 61 \times D \times 2,59 \times 3,17;$$

d'où
$$D = 0^{m3},748.$$

La dépense permet de déterminer la largeur de l'orifice ; nous avons adopté une vanne à 45° dont les bords sont dans le prolongement des côtés et du fond du canal d'arrivée, le coefficient de dépense est égal à 0,80 ; donc :

$$D = 0,80 \times l \times 0,25 \times 6,00$$

ou

$$0,748 = 0,80 \times l \times 0,25 \times 6,00,$$

l étant la largeur de l'orifice. Cette équation donne :

$$l = 0^m,625 ;$$

la largeur de la roue sera donc :

$$0^m,625 + 0,10 = 0^m,655.$$

Le nombre de palettes n' sera déterminé par le tableau indiqué précédemment et égal à 24.

La hauteur des palettes sera, d'après la règle donnée, égale à 0^m,65.

Enfin si l'on calcule par la formule

$$v = \frac{2\pi R n}{60}$$

le nombre n de tours fait par la roue en une minute, on obtient $n = 16,5$.

En résumé :

Rayon extérieur... ...... $R = 1^m,50$
Vitesse d'arrivée de l'eau.. $V = 5^m,76$
 — de sortie..... ... $V' = 6^m,00$
 — de la roue.. .. ... $v = 2^m,59$
Nombre de tours en 1'. .. $n = 16,5$
Levée de vanne .... $E = 0^m,58$
Dépense .... $D = 0^{m3},748$
Largeur de l'orifice ...... $l = 0^m,625$
 — de la roue .... .. $4 = 0^m,633$
Nombre de palettes.... . $n' = 24$
Hauteur des palettes...... $p = 0^m,65$

Je vais encore indiquer la marche à suivre dans le cas où la question serait posée de la manière suivante :

Établir sous une chute de $2^m,00$ une roue en dessous à aubes planes, d'un effet utile de 10 chevaux et faisant 12 tours par minute (Pl. I, Fig. 10).

Ici le rayon n'est plus arbitraire, il est déterminé par la condition que la roue fasse 12 tours en une minute. Mais une difficulté se présente tout d'abord dans l'application de la méthode que j'ai indiquée pour déterminer le rayon, car dans l'équation :

$$v = \frac{2\pi R n}{60}$$

il y a deux inconnues v et R ; je ne puis calculer R qu'après que v sera connue et v étant fonction de V dépend elle-même de R.

Il faudra chercher une valeur approximative de v ; la chute est de $2^m,00$; prenons une épaisseur de veine de $0^m,25$, la charge sur le bord supérieur de l'orifice serait

$$2,00 - 0,25 = 1^m,75$$

si la pente du coursier ne causait une perte de chute et la vitesse V serait alors $5^m,86$.

On en conclut $v = 0,45 \times 5,86 = 2^m,6370$ comme valeur approchée ; il vient dès lors :

$$2,637 = \frac{2 \times 3,141 \times R \times 12}{60};$$

d'où $$R = 2^m,10.$$

Traçons donc une circonférence avec un rayon de $2^m,10$; à une seconde circonférence de rayon égal à $2^m,12$ décrite du même centre, menons une tangente *bc* inclinée au douzième, et une parallèle *df* à *bc* distante de $0^m,25$ qui coupera en *f* la vanne inclinée à 45°, passant à $0^m,10$ de la circonférence de la roue. En mettant toujours l'extrémité inférieure des palettes à hauteur du niveau moyen des eaux d'aval, $ig = 1^m,58$ sera la charge sur le bord supérieur de l'orifice et $ih = 1^m,72$ la charge sur le centre.

De là on déduit :

$$V = 5^m,57$$
$$v = 2^m,5065,$$

et par suite $$n = 11,5.$$

On voit donc que la roue, dont nous avons déterminé approximativement le rayon, satisfait à peu près à la condition demandée. Si l'erreur avait été trop grande, il eut fallu modifier la valeur adoptée pour R et on serait arrivé après quelques tâtonnements à une valeur admissible.

On continuerait ce projet comme le précédent ; de l'équation :

$$10 \times 75 = 61\,D \times 2,63\,(5,85 - 2,63);$$

on déduira D et cette dépense servira à faire connaître la largeur *l* de l'orifice puis celle de la roue.

Enfin la roue aura **28** palettes et leur hauteur sera de $0^m,65$.

Le coursier incliné au douzième sera prolongé jusqu'à 3 ou 4 mètres au-delà de la roue, il aura d'abord une largeur supérieure de $0^m,10$ à celle de la roue, puis, à partir de la verticale passant par le centre de la roue, il s'élargira graduellement à raison de $0^m,50$ pour 10 mètres.

Ces exemples suffisent pour montrer comment on appliquera

les théories précédentes et les résultats d'expériences cités, à la rédaction d'un projet de roues en dessous à palettes planes. Pour le compléter il n'y aurait plus qu'à faire connaître les formes que l'on donnera aux diverses parties de la roue, les assemblages qui les réuniront et leurs dimensions.

Cette dernière étude trouvera plus loin sa place; pour le moment, je ne détermine que le tracé dynamique des roues hydrauliques.

25. APPRÉCIATION DE L'EFFET UTILE D'UNE ROUE EN DESSOUS A PALETTES PLANES EXISTANTE. — Ce qui précède fournit également le moyen de calculer l'effet utile d'une roue existante. On se servira à cet effet de la relation :

$$Pv = 61 \, Dv(V - v);$$

on calculera D, v et V et on substituera ces données dans l'équation d'où l'on déduira l'effet utile Pv.

D s'obtiendra au moyen de la formule de la dépense des orifices d'écoulement, V par la formule $V = \sqrt{2gh''}$, h'' étant la hauteur du niveau de l'eau au dessus de l'orifice, et v se déduira par la formule $v = \dfrac{2\pi Rn}{60}$ du nombre de tours n en 1' et de la mesure du rayon R.

Une roue des environs de Metz offre la disposition suivante :

Elle fonctionne sous une chute de 1^m,25, son rayon est de 1^m,50, elle fait 16 tours en 1', sa largeur est de 0^m,885, enfin la vanne est verticale, sa levée de 0^m,20 et le coefficient de dépense qui convient au dispositif du vannage est 0^m,625 ; d'après ces données :

$$V = \sqrt{2g \times 1,03} = 4^m,50$$

(1,03 étant la charge sur le haut de l'orifice) ;

$$v = \frac{2\pi Rn}{60} = 2^m,50$$

$$D = 0,20 \times 0,875 \times 4,70 \times 0,625 = 0^{m3},5217$$

(4,70 étant la vitesse provenant de la charge sur le centre de l'orifice); d'où

$$Pv = 61\, Dv\, (V - v) = 159^{km},21 = 2 \text{ chevaux à peu près.}$$

On doit remarquer que $\dfrac{v}{V} = 0,555$, nombre un peu fort; et que son rendement n'est que de 0,27.

26. But que s'est proposé M. le général Poncelet. Manière dont il a résolu le problème. — *Premier tracé.* — Les anciennes roues en dessous ont reçu de notables perfectionnements d'un officier du génie, M. le général Poncelet qui, guidé par la théorie, s'est proposé de modifier leur construction de telle manière que l'eau entrât sans choc et sortît avec une faible vitesse.

Dans ce but, le général Poncelet courbe les aubes ainsi que le coursier, et, profitant des expériences de Morosi, il renferme les aubes entre deux couronnes verticales, placées à leurs extrémités; mais pour bien apprécier les avantages du tracé indiqué par ce savant officier, il est nécessaire d'examiner la série des idées par lesquelles il a dû passer.

La réflexion l'a porté tout d'abord à remplacer les palettes droites par des palettes courbes ou cylindriques, présentant leur concavité au courant et dont les éléments qui, à partir du premier, se raccorderaient tangentiellement avec l'élément correspondant de la circonférence extérieure de la roue, seraient de plus en plus inclinés sur le rayon et formeraient une surface courbe et continue.

(Pl. I, Fig. 11.) Si l'eau arrivait avec une vitesse V, tangentiellement à l'aube ainsi tracée et animée dans la même direction d'une vitesse v, elle monterait sur cette aube avec une vitesse initiale $V - v$ et sans choc; cette vitesse irait en diminuant peu à peu et deviendrait nulle quand le liquide aurait atteint un certain point K; alors l'eau descendrait, prendrait dans sa descente des vitesses croissantes et arrivée au point a aurait, si la roue devenait immobile, une vitesse $V - v$ égale à

celle qu'elle possédait à son arrivée sur la roue, mais dirigée
en sens contraire ; en composant cette vitesse $V - v$ avec la
vitesse v de translation que possède réellement la roue, on
voit que le liquide aura une vitesse $V - 2v$; ainsi l'eau en-
trerait sans choc et sa vitesse à la sortie serait $V - 2v$, expression qui devient nulle, quand :

$$v = \frac{V}{2}.$$

Une pareille disposition des aubes jointe à la relation $v = \dfrac{V}{2}$
résout donc le problème au point de vue théorique, mais cette
solution est celle que j'ai déjà donnée d'une manière plus générale, quand je supposais dans l'expression de la vitesse
perdue dans le choc : $\alpha = o$ et $\beta = o$, puis ensuite dans celle
de W : $\varphi = o$ et $u' = v'$.

Nous avons vu alors que l'eau entrait et sortait difficilement
parce que les aubes de la roue étaient tangentes à la circonférence et que l'expérience avait prouvé qu'elles devaient faire
avec elle un angle de 25° à 30°. De plus, s'il est possible de
faire arriver un filet liquide tangentiellement à une aube
donnée, cela ne peut se faire pour une veine d'eau d'une
certaine épaisseur.

Cette première solution devait donc être abandonnée, et il
fallait recourir, pour éviter le choc, au procédé général vu
précédemment et fondé sur la décomposition de la vitesse
d'arrivée de l'eau (Pl. I, Fig. 12).

Considérons un filet quelconque ab qui vient rencontrer la
roue en b ; si sur le prolongement de sa direction, on prend
une longueur bc qui représente V et sur la tangente à la circonférence une longueur bd égale à v et qu'on tire cd et sa
parallèle $c'b$, cette dernière ligne représentera, d'après ce
que nous avons vu, la direction que doit avoir le premier élément de l'aube pour que le filet ab y entre sans choc.

Mais il est clair que l'angle $c'bd$ varie avec la position du
point où les filets liquides parallèles viennent rencontrer la
roue, par suite l'inclinaison de $c'b$ ou du premier élément des

aubes sur la tangente, doit varier aussi pour les divers points de l'arc embrassé par la veine liquide ; elle serait nulle pour le filet inférieur et irait en croissant jusqu'au filet supérieur.

Il est impossible, à cause de la rotation de la roue, de donner aux diverses aubes des inclinaisons différentes, par conséquent cette nouvelle considération paraît encore illusoire ; mais il faut remarquer qu'une roue Poncelet n'a jamais plus de 5 mètres de diamètre et que l'épaisseur de la veine liquide est ordinairement de $0^m,25$. Or, dans ce cas, l'angle $c'''b''d''$ correspondant au filet supérieur, a pour valeur $47°$, de sorte que les angles des aubes et des tangentes devraient, pour éviter le choc, aller en croissant de $0°$ à $47°$ depuis b' jusqu'en b''.

Il paraît donc naturel d'incliner toutes les aubes sur la tangente de $24°$ pour répartir l'erreur, c'est-à-dire de faire la construction pour le filet moyen.

Il est à propos de faire à ce sujet une remarque qui nous sera utile par la suite, en désignant par R le rayon de la roue, par E l'épaisseur de la veine liquide et α' l'angle $b''ob'$ sous lequel la veine vient embrasser la roue, il est clair que :

$$\text{Cos } \alpha' = \frac{R - E}{R}.$$

Si $E = 0^m,25$ et $R = 2^m,50$ on trouve $\alpha' = 25°$ tandis que l'angle $c'''b''d'' = 47°$ et que l'inclinaison des aubes sur la circonférence est de $24°$. *On peut donc conclure que l'angle de l'aube avec la circonférence est en général inférieur à α' d'un degré.*

Telles sont les considérations sur lesquelles repose le premier tracé du général Poncelet que je vais maintenant exposer en détail (Pl. II, Fig. 13). La circonférence de la roue étant tracée, on lui mènera une tangente inclinée au 10e ; puis, à une distance égale au jeu, une parallèle ab à cette tangente déterminera le coursier ; enfin une seconde parallèle $a'b'$ à ab, menée à une distance égale à l'épaisseur de la veine, représentera la direction du filet supérieur.

On tracera alors le filet moyen $a'b''$ pour lequel on

fera la décomposition indiquée, l'aube correspondante à ce filet aura son premier élément $c''b''$ parallèle à vV, et toutes les aubes de la roue feront avec les tangentes à la circonférence l'angle $c''b''v$.

La vanne sera inclinée à 45° et passera à $0^m,10$ de la roue. Une portion circulaire décrite du centre de la roue avec son rayon augmenté du jeu terminera le coursier, elle aura pour longueur l'intervalle de deux aubes consécutives ; enfin un ressaut de $0^m,25$ à $0^m,30$ facilitera le dégorgement de l'eau.

Si l'on examine cette solution, il est parfaitement évident qu'elle ne paraît pas résoudre la question ; l'eau choque les aubes en entrant et elle sort avec une certaine vitesse ; mais si l'on introduit dans les expressions de U et W les valeurs qui résultent du tracé indiqué, on voit que les quantités $\dfrac{m\text{U}^2}{2}$ et $\dfrac{m\text{W}^2}{2}$ sont très-faibles ; aussi a-t-on admis que l'on avait sensiblement $u = o$ et $\text{W} = o$ quand $v = \dfrac{\text{V}}{2}$.

27. Second tracé donné par M. le général Morin. — M. le général Morin a donné un autre tracé ; il remplace la portion plane du coursier par une surface courbe dont la section verticale est une spirale (Pl. II, Fig. 14).

A la circonférence de la roue on mène une tangente ab inclinée au 10°, puis une parallèle $a'b'$ à ab pour représenter la veine liquide. On tire alors ob' que l'on prolonge jusqu'en c', on divise l'arc bb' et $c'b'$ en un même nombre de parties égales : trois, par exemple, et l'on porte sur le prolongement des rayons aboutissant aux différents points de division de l'arc à partir du point b, une, puis deux, puis trois des parties égales de $c'b'$; la courbe qui joint les points b, c''', c'' et c' forme la première partie du coursier.

Du centre o, avec le rayon de la roue augmenté du jeu, on décrit une circonférence dont un arc de, ayant pour longueur l'intervalle compris entre deux aubes, forme la seconde partie du coursier. Vient ensuite un ressaut de $0^m,30$ environ pour faciliter le dégorgement de l'eau. La vanne est inclinée à 45° et part du commencement de la spirale, le canal d'arrivée conserve pendant une longueur $c'a$ égale à deux fois environ l'épaisseur de la veine liquide, l'inclinaison au 10e, puis n'a plus qu'une faible pente destinée à faciliter l'écoulement.

Quel avantage résulte-t-il de ce nouveau tracé? Tous les filets liquides viennent rencontrer la roue sous le même angle; en effet, le premier point d de la spirale est distant du centre o d'une quantité R; à partir de d les rayons vecteurs reçoivent des accroissements proportionnels à l'angle variable ω qu'ils font avec le rayon od, de sorte que l'équation de la courbe peut être mise sous la forme :

$$\rho = \mathrm{R} + a\,\omega$$

le filet liquide du fond vient donc rencontrer la circonférence, en faisant avec le rayon correspondant un angle I tel que :

$$tg\mathrm{I} = \frac{\mathrm{R}d\omega}{d\rho} = \frac{\mathrm{R}}{a}.$$

On peut admettre, sans grande erreur, qu'un filet liquide quelconque décrit une spirale qui a la même loi de génération, dès lors le filet a'' décrira une spirale fb'' dont l'équation sera encore $\rho = \mathrm{R} + a\,\omega$, ω étant l'angle variable fait par ses rayons vecteurs avec le rayon ob'' qu'elle coupera sous un angle dont la tangente sera encore $\dfrac{\mathrm{R}}{a}$. La courbe exacte décrite par le filet a'' s'obtiendrait en traçant les normales au coursier et prenant sur elles des longueurs égales à aa''. Mais la courbe ainsi tracée diffère peu d'une spirale semblable à celle que l'on a adoptée pour le coursier, c'est-à-dire de fb''.

Ainsi le 2e tracé oblige les divers filets liquides à entrer dans la roue sous le même angle; les aubes courbes devront donc toutes faire le même angle avec la tangente à la circonférence de la roue; il ne sera plus nécessaire, en l'adoptant, de répartir l'erreur, c'est-à-dire de faire le tracé pour le filet moyen.

28. Application de l'équation générale des roues hydrauliques aux roues Poncelet. Leur effet utile et pratique. Conditions du maximum d'effet. — Pour appliquer aux roues Poncelet l'équation générale des roues hydrauliques :

$$Pv = \frac{1}{2} mV^2 + mgh' - \frac{1}{2} mU^2 - \frac{1}{2} mW^2,$$

si nous faisons : $U = o$, $W = V - 2v$ et $h' = o$, il vient :

$$Pv = \frac{1}{2} mV^2 - \frac{1}{2} m (V - 2v)^2$$

$$= 2mv (V - v).$$

Le maximum de Pv correspond à celui de $v(V - v)$ qui a lieu comme on l'a vu précédemment pour $v = \frac{V}{2}$; donc le maximum d'effet utile théorique rendu par cette roue est :

$$Pv = 2 m \frac{V}{2} \left(V - \frac{V}{2}\right) = \frac{1}{2} mV^2$$

c'est-à-dire qu'il est égal au travail moteur utilisé.

Mais il n'est pas absolument vrai que $U = o$ et que $W = V - 2v$; de plus, une certaine quantité d'eau s'échappe entre la roue et le coursier sans agir sur la roue ; l'effet utile pratique doit donc être moins grand.

Les expériences au frein ont déterminé les coefficients de réduction par lesquels il fallait, dans les différents cas, multiplier l'effet utile théorique pour avoir l'effet utile pratique.

Pour des roues bien construites, d'après le premier tracé :

$Pv = 0,65$ Tm pour des chutes de 1^m,20 et au-dessous
$Pv = 0,60$ Tm. . . . . 1,30 à 1,50
$Pv = 0,55$ à 0,50 Tm . . . . . . 1,80 à 2,00

il faut toutefois que $v = 0,55$ V ; dès qu'on s'écarte de cette relation, l'effet utile diminue sensiblement.

Le second tracé donne des résultats plus satisfaisants ; il résulte des expériences de M. le général d'artillerie Morin :

1° *Que le nouveau tracé du coursier diminue beaucoup le*

choc de l'eau contre les aubes et en facilite l'admission et la circulation;

2° Qu'avec cette disposition, une exécution soignée et un moment d'inertie suffisant, la roue acquiert la propriété qu'elle ne possédait pas auparavant de pouvoir marcher à des vitesses notablement supérieures ou inférieures à celle qui correspond au maximum d'effet sans que l'effet utile s'écarte sensiblement de ce maximum;

3° Que l'effet utile augmente avec les levées de vanne, que les levées de 0,20, 0,25 et même 0,35 pour de fortes dépenses, sont celles qui doivent être employées;

4° Que la roue rend le même effet utile (toutes choses étant égales d'ailleurs) quand elle est placée à $0^m,12$ au-dessus du niveau d'aval ou quand elle est noyée de $0^m,10$, $0^m,20$ et $0^m,25$;

5° Que la roue noyée de la moitié des couronnes $(0^m,357)$ a donné les 0,47 du travail moteur;

6° Pour des roues très-bien construites, avec chute de $1^m,50$ et au-dessus, et une levée de vanne de 0,20, l'effet utile est donné par l'équation:

$$Pv = 162\ Dv\ (V - v).$$

Pour des roues bien construites, avec fortes levées de vanne et chute de $1^m,50$ à $2^m,00$,

$$Pv = 152\ Dv\ (V - v).$$

Pour des roues, dans lesquelles l'eau jaillit un peu à l'intérieur et qui fonctionnent avec des levées de vanne de $0^m,10$ à $0^m,20$, sous des chutes supérieures à $1^m,50$,

$$Pv = 142\ Dv\ (V - v).$$

Enfin si le vannage est peu incliné et loin de la roue,

$$Pv = 102\ Dv\ (V - v).$$

Telles sont les principales conséquences des expériences, les autres trouveront leur place à mesure que j'examinerai les diverses parties de la roue.

29. Détermination des proportions des diverses parties des roues Poncelet. — *Rayon*. — Ce que j'ai dit pour le rayon des roues en dessous à palettes planes peut se répéter ici ; l'effet utile étant indépendant du rayon, on déterminera la vitesse $v = 0,55\,V$; puis par la formule $v = \dfrac{2\,\pi\,Rn}{60}$, on calculera R par la condition d'obtenir à peu près dans chaque minute le nombre n de tours qui facilitera le plus la transmission de mouvement ; ce nombre n sera presque toujours très-grand ; par suite, on devra, en général, prendre une valeur très-faible pour R, mais supérieure ou égale à $1^m,50$ (que nous adoptons comme minimum).

Les roues Poncelet n'étant du reste réellement avantageuses, ainsi que le montrent les coefficients de réduction, que pour des faibles chutes, il résulte de ce qui précède qu'on sera presque toujours amené à un rayon compris entre $1^m,50$ et $2^m,00$. Une fois le rayon choisi, il n'est plus nécessaire pour tracer la roue que de fixer le jeu et la levée de vanne.

Jeu. — Le jeu doit toujours être le plus petit possible ; il sera de $0,005$ si la couronne est métallique et de $0^m,01$ si elle est en bois.

Épaisseur de la veine et levée de vanne. — L'expérience a montré que l'épaisseur de la veine devait varier entre $0^m,20$ et $0^m,30$. On pourra adopter $0^m,35$ et même $0^m,40$ pour de fortes dépenses ; la levée de vanne est une conséquence de l'épaisseur de la veine et de l'inclinaison de la vanne.

Disposition de la vanne. — La vanne sera inclinée à $45°$ autant que possible, et l'orifice d'écoulement raccordé avec les côtés du canal d'arrivée. On a vu l'avantage de cette disposition.

Hauteur de la couronne. — Diverses considérations permettent de calculer la hauteur $R - r$ de la couronne : 1° il faut que l'eau ne jaillisse pas à l'intérieur de la roue et par suite que la couronne soit assez haute pour que la vitesse ascensionnelle du liquide se trouve détruite avant qu'il arrive à sa partie supérieure.

2° Il est nécessaire que la couronne présente un vide capable d'admettre la dépense fournie par la vanne et comme les largeurs de la vanne et de la roue sont imposées par d'autres considérations, ce vide ne peut être obtenu que par une certaine hauteur d'aubes. Je vais donc calculer successivement le minimum de hauteur nécessaire pour remplir chacune de ces conditions; dans un projet de roue, il faudra adopter le plus grand de ces deux minimums. L'eau arrive avec une vitesse V sur une aube ab en un point a animé d'une vitesse v, elle montera donc en vertu d'une vitesse $V - v$ à une hauteur $R - r$ donnée par la relation

$$R - r = \frac{(V - v)^2}{2g} \quad [*],$$

mais $v = \dfrac{V}{2}$ pour le maximum d'effet, donc :

$$R - r = \frac{V^2}{8g},$$

et comme $V^2 = 2gH$, H étant la hauteur de chute ; on a :

$$R - r = \frac{H}{4};$$

[*] Ce raisonnement suppose l'aube tangente à la circonférence extérieure de la roue, de plus on ne tient pas compte de l'action de la force centrifuge; quoiqu'il mène à des résultats suffisants pour la pratique, il est bon d'indiquer comment on déterminerait exactement $R - r$. Soient ω la vitesse angulaire de la roue et M une masse élémentaire liquide, la force centrifuge qui tend à empêcher son ascension est au point le plus bas de la roue $M\omega^2 R$, au point le plus haut c'est $M\omega^2 r$; cette force étant variable, je supposerai son intensité constante et égale à sa moyenne $M\omega^2\left(\dfrac{R + r}{2}\right)$, elle agit pendant une longueur $R - r$, son travail est donc $M\omega^2 \dfrac{R^2 - r^2}{2}$. D'un autre côté si l'eau entre sur une aube située à l'extrémité d'un rayon faisant un angle φ avec la verticale, elle agit pendant une longueur $(R - r)\cos\varphi$, son travail est donc $Mg(R - r)\cos\varphi$. En négligeant la résistance due aux parois, qui a peu d'influence, le principe des forces vives donne, en désignant par V'' la vitesse d'introduction de l'eau suivant la tangente à l'aube

$$MV''^2 = M\omega^2(R^2 - r^2) + 2Mg(R - r)\cos\varphi,$$

d'où on tirera r.

$\frac{H}{4}$ est donc la hauteur à laquelle monterait le filet inférieur, s'il arrivait tangentiellement à l'aube ; le filet supérieur monterait à une hauteur égale à $\frac{H}{4}$ augmenté de l'épaisseur de la veine liquide.

J'ai négligé ici l'action de la force centrifuge qui tendra à diminuer cette hauteur ; mais il faut remarquer que dans les usines, la vitesse du moteur est toujours un peu variable à cause des variations de la résistance utile et qu'il n'y a pas d'inconvénient à avoir des aubes plus hautes qu'il n'est nécessaire ; on a donc l'habitude d'augmenter R — r et d'adopter :

$$R - r = \frac{H}{3}.$$

Passons à la seconde condition. L étant la largeur intérieure de la roue, la capacité totale de la couronne est $\pi(R^2 - r^2)L$ et dans une seconde elle offrira à l'eau une capacité $\frac{\pi(R^2 - r^2)Ln}{60}$, n étant le nombre de tours qu'elle fait en $1'$. Ce volume devrait être égal à la dépense, mais à cause de l'espace occupé par les aubes et les nervures qui les soutiennent, on admet qu'il doit être $1,50$ D pour des couronnes métalliques et $1,80$ D pour des couronnes en bois. On a donc :

$$\pi(R^2 - r^2)L\,\frac{n}{60} = \genfrac{}{}{0pt}{}{1,50}{\genfrac{}{}{0pt}{}{\text{ou}}{1,80}}\,D\,;$$

mais
$$\frac{n}{60} = \frac{v}{2\pi R}\,;$$

donc
$$(R - r)\left(1 - \frac{R - r}{2R}\right)Lv = \genfrac{}{}{0pt}{}{1,50}{\genfrac{}{}{0pt}{}{\text{ou}}{1,80}}\,D\,;$$

R — r est l'inconnue ; cette équation du deuxième degré fournira deux valeurs réelles : l'une plus grande que le rayon, l'autre plus petite : c'est évidemment cette dernière qui fournira la solution cherchée.

Une fois les valeurs de R — r trouvées par ces deux méthodes, on adoptera la plus grande des deux.

Tracé des aubes (Pl. II, Fig. 14). — Ce qui précède permet de déterminer entièrement le coursier ; il faut maintenant tracer une aube tangente en un point d à une ligne ds et terminée à la circonférence intérieure de la couronne ; cette aube doit être d'une courbure continue, elle doit aussi couper la circonférence de rayon r sous un angle ε qui ne soit pas aigu, car si elle avait une forme dd', par exemple, l'eau dans sa descente décrirait une boucle au lieu de suivre l'aube. On élèvera donc au point d une perpendiculaire do' sur laquelle on choisira un point o' de telle manière que l'arc de cercle décrit avec $o'd$ comme rayon coupe la circonférence intérieure sous un angle droit ou obtus ; on adopte généralement un angle presque droit ; il est à propos d'ajouter ici que dans les usines où la résistance est variable, il est bon de prolonger les aubes un peu au delà de la couronne. Cette disposition a été adoptée avec succès pour une roue qui mène un laminoir à Dilling.

Nombre des aubes. — Le nombre d'aubes est fixé par la condition que leur plus courte distance soit au moins égale à l'épaisseur de la veine. Les expériences de M. le capitaine d'artillerie Boileau ont prouvé que cette disposition favorisait le rendement de la machine ; il faut aussi pour la symétrie et la facilité de construction que le nombre des aubes soit multiple de celui des bras. Quand on a fixé le nombre d'aubes et tracé l'une d'elles, on détermine de suite les points où les diverses aubes viennent rencontrer la circonférence extérieure de la roue et comme on connait leur rayon il est facile de les tracer.

Ressaut. — Le ressaut devrait être placé au point où l'eau qui est entrée dans la couronne tend à sortir de la roue, l'expérience a montré qu'on arrivait à ce résultat en donnant pour longueur à la portion circulaire la distance comprise entre deux aubes consécutives.

Dispositif du canal alimentaire. — La contraction sera supprimée sur les divers côtés de l'orifice d'écoulement ; de plus le canal alimentaire devra avoir une assez grande section relativement à celle de l'orifice pour que le niveau de l'eau y soit presque toujours sensiblement le même (Pl. II, Fig. 16).

On adoptera, à cet effet, autant que possible les dimensions indiquées dans la figure ; cd étant la largeur de l'orifice (donnée par le calcul), on prendra $ab = \frac{4}{3} cd$, $ef = ab = \frac{4}{3} cd$ au moins, ou $ef = \frac{3}{2} ab = 2cd$ au plus ; puis on réunira a et b aux parois prolongées de l'orifice par des arcs de cercles qui leur seront tangents.

Largeur de la roue. — La roue aura intérieurement une largeur égale à celle de l'orifice augmentée de $0^m,10$, on a vu précédemment la raison de ce dispositif ; il résulte de là et aussi de la disposition des bras à l'extérieur de la roue que les bajoyers seront en arrière des points c et d en $c'm$ et $d'n$.

30. APPLICATION DE CES PRINCIPES A UN PROJET DE ROUE PONCELET. — Appliquons ces règles à la construction d'une roue Poncelet destinée à faire marcher, dans un atelier, des outils tels que des ventilateurs, des scies circulaires qui tous ont besoin d'une grande vitesse. Supposons que la chute d'eau disponible soit de $2^m,00$ et que l'on ait besoin d'un effet utile de 20 chevaux.

Le nombre de tours de la roue devant être aussi grand que possible, je prendrai R $= 1^m,50$, j'adopterai une épaisseur de veine de $0^m,30$, une vanne inclinée à $45°$ et je déterminerai de suite le coursier d'après le tracé du général Morin en plaçant le bas de la roue au niveau moyen des eaux d'aval (Pl. II, Fig. 14). Cela fait, on mesurera sur le dessin la distance $h = np$ qui existe entre le niveau des eaux d'amont et le bord supérieur de l'orifice, cette longueur permettra de calculer V à l'aide de la formule $V = \sqrt{2gh}$

ici $\qquad\qquad h = 1^m,55$

d'où $\qquad\qquad V = 5^m,51 ;$

de la relation $\qquad v = 0,55\ V$

on conclut $\qquad v = 3^m,03 ;$ soit $v = 3^m,00.$

Le coefficient de correction à adpoter ici est d'après ce qui a été dit précédemment, égal à 152 ; donc l'équation de l'effet utile est :

$$Pv = 152\ Dv\ (V - v)$$

ou
$$20 \times 75 = 152\ D \times 3 \times 2,45,$$

de là on tire :

$$D = 1^{m3},542.$$

Mais cette dépense D est d'un autre côté égale à

$$0,30 \times l \times \sqrt{2gh''} \times 0,80$$

l étant la largeur du vannage ; h'' étant la charge sur le centre de l'orifice

$$h'' = nq = 1,64$$

donc
$$l = 0,971$$

et la largeur de la roue $L = l + 0,10 = 1^m,071.$

Enfin il reste à déterminer la hauteur de la couronne $R - r$.

Je prends d'un côté $\dfrac{H}{3} = 0^m,66$; de l'autre je cherche la racine plus petite que le rayon de l'équation.

$$Lvx \left(1 - \frac{x}{2R} \right) = 1,50\ D.$$

Je prends 1,50 parce que je suppose la roue métallique.

La valeur $d'x$ est $0^m,20$ environ. Les deux hauteurs minimums de la couronne sont donc $0^m,66$ et $0^m,20$, je prends la plus grande $0^m,66$. La connaissance de $R - r$ me permet de décrire le cercle intérieur et de tracer une aube ; on pourrait déterminer une quelconque d'entre elles, il sera plus commode de s'occuper de celle qui aboutit en d, parce que le coursier fait connaitre la direction dV de la vitesse que possède l'eau qui vient agir sur elle, tandis que si l'on en choisissait une autre dont l'extrémité serait en b'', on serait obligé de tracer la spirale correspondante fb''.

Pour avoir le nombre n' d'aubes, il faut diviser $2\pi R$ par l'épaisseur $0^m,30$ de la veine ; de plus n' doit être multiple du nombre de bras, dans le cas actuel il y aura 6 bras (on verra plus loin pourquoi) il faut donc prendre le premier nombre entier inférieur au quotient $\dfrac{2\pi R}{0,30}$ qui soit divisible par 6, or $\dfrac{2\pi R}{0,30} = 31$ j'adapterai donc 30 aubes.

En divisant $2\pi R$ par 30, j'aurai la distance des aubes à la circonférence extérieure et les points d, c, t où elles la couperont. La première qui passe en d sera tracée comme il a été dit au n° 25.

Quant à celle qui aboutit en c, il suffit d'avoir la position de son centre o''. Il est clair qu'on l'obtiendra en décrivant du centre de la roue une circonférence du rayon oo' et du point c un arc de cercle de rayon do', le point d'intersection sera o'' et le rayon de l'aube $o''c$.

La distance de deux aubes consécutives étant connue, on limitera la portion circulaire du coursier et on pratiquera un ressaut de $0^m,30$ à $0^m,40$ à partir duquel le coursier s'élargira aussi dans le sens horizontal.

En résumé les conditions relatives au travail dynamique de la roue nous donnent pour le tracé les proportions suivantes :

Rayon	$R =$	$1^m,50$
Epaisseur de la veine	$E =$	$0^m,30$
Vitesse d'arrivée de l'eau sur la roue	$V =$	$5^m,51$
Vitesse de la roue	$v =$	$3^m,00$
Dépense	$D =$	$1^{m3},342$
Vitesse de sortie de l'eau	$V =$	$5^m,68$
Largeur de l'orifice	$l =$	$0^m,971$
Largeur de la roue	$4 =$	$1^m,071$
Hauteur de la couronne	$R - r =$	$0^m,66$
Nombre de tours de la roue en $1'$	$n =$	$19,1$
Nombre d'aubes	$n' =$	30

pour une roue Poncelet métallique d'une force de 20 chevaux et fonctionnant sous une chute de $2^m,00$.

Ces nombres ne suffisent pas pour déterminer la roue, il faut encore savoir combien elle doit avoir de bras, connaître leurs dimensions, celles de l'arbre, des aubes, de la couronne et les assemblages qui réuniront les diverses parties de la roue, mais ces dernières bases du projet seront traitées plus loin dans un chapitre spécial, ainsi que je l'ai déjà dit.

31. RÉSUMÉ DES PROPRIÉTÉS DE LA ROUE DE M. LE GÉNÉRAL PONCELET. — Si l'on résume ce qui précède, on voit que la roue proposée par M. le général Poncelet est avantageuse pour les petites chutes, qu'elle rend en général les 0,60 du travail moteur et qu'elle marche avec une grande vitesse.

Le second tracé lui donne des propriétés importantes; sa vitesse peut varier notablement sans que l'effet utile varie d'une manière sensible; noyée de la moitié de sa couronne ($0^m,357$), elle a rendu dans les expériences les 0,46 du travail moteur; quoique moins simple que les anciennes roues à palettes planes, elle n'offre pas une grande difficulté de construction et n'occupe pas plus de place dans les usines, enfin son mouvement ne devient irrégulier que quand l'effort à vaincre est 1,40 environ de celui qui correspond au maximum d'effet.

32. TROISIÈME TRACÉ DE M. LE GÉNÉRAL PONCELET. — Les roues à aubes courbes ont encore reçu, il y a quelque temps, une modification; M. le général Poncelet a donné un troisième tracé qui a été employé dans plusieurs des poudreries de France. Une notice fort intéressante sur ce nouveau moteur a été insérée dans le *Génie industriel*, par M. Ordinaire de la Colonge, capitaine d'artillerie, inspecteur de la poudrerie de Saint-Médard.

L'auteur y décrit le tracé qui a été adopté à la poudrerie d'Angoulême; je vais le rapporter ici, mais il est bon de savoir tout d'abord que cette roue devait être substituée à une autre très-défectueuse, et que voulant utiliser les anciennes constructions, on a dû lui donner un rayon de $2^m,48$, que les crues de la Charente étant fréquentes et considérables, on a admis en principe que les couronnes seraient hautes de $1^m,00$ afin que les aubes continssent une grande quantité d'eau et que la roue marchât facilement noyée; enfin la chute était de $1^m,55$ et la fabrication exigeait qu'elle pût fournir dix tours à la minute.

Les conditions à remplir étant connues, je passe à la description du tracé (Pl. II, Fig. 17).

La circonférence extérieure de $2^m,48$ de rayon étant décrite, on a admis que l'angle des aubes avec la circonférence serait de $26°$, et que le filet moyen de la veine liquide rencontrerait la roue en un point A situé à $26° 30'$ de la verticale OB. On a donc tracé un rayon OA incliné de $26° 30'$ sur le diamètre vertical et une ligne Ao' inclinée de $26°$ sur oA; le centre o' du premier élément AK de l'aube sera pris sur cette ligne qui fera dès lors un angle de $26°$ avec la circonférence.

La vitesse v de la circonférence est dirigée suivant Av; il faut actuellement disposer l'introduction de l'eau de manière à éviter le choc. A cet effet, admettant la relation $v = \frac{V}{2}$, du point A je décris à une échelle arbitraire, une circonférence avec $2v$ pour rayon; je mène vV parallèle au premier élément de l'aube, et la ligne AV représente en grandeur (à la même échelle) et en direction la vitesse V du filet moyen à son arrivée sur la roue.

Elevons au point A une perpendiculaire AF' à la diagonale AV; du centre de la roue menons une circonférence tangente à AF', il est clair que la développante de ce cercle, adoptée comme courbe décrite par le filet moyen, résoudra la question.

En effet la développante est perpendiculaire à son rayon de courbure et par suite tangente à AV.

De plus, toutes les développantes d'un même cercle étant équidistantes, une courbe parallèle à la développante qui est

la courbe du filet moyen, et située au-dessous à une distance
égale à la demi-hauteur de la veine liquide, représentera le
fond du coursier qui se prolongera jusqu'en un point M distant
de 1 centimètre de la roue, à partir de M il devient concentrique à la roue jusqu'à 0,45 en amont de la verticale passant
par le centre de la roue. Le ressaut aura $0^m,30$ à $0^m,40$ et
sera vertical.

A Angoulême la proximité d'un pont en pierres n'a pas
permis d'incliner la vanne à 45°, on a dû prendre 2 sur 5
et l'on a adopté une épaisseur de veine liquide de $0^m,20$. Pour
déterminer la largeur de la roue on a procédé ainsi : le travail utile qu'exigeaient les machines de l'usine était de 600^{km},
et en supposant à cette roue un rendement de 0,60 le travail moteur à prendre à l'eau était :

$$\frac{600}{0,60} = 1000^{km}.$$

La chute étant de $1^m,55$ il fallait que le volume d'eau pris
à la Charente fut par seconde :

$$\frac{1000}{1,55} = 0,645 \text{ ou } 645 \text{ litres.}$$

De la formule de la dépense :

$$D = mlV',$$

on a déduit la largeur du vannage ; dans ce cas ,

$$m = 0,74, \quad V' = 4^m,34,$$

d'où $l = 1^m,004$; on a pris $1^m,00$.

Enfin la vitesse d'arrivée $V = 4^m,828$; d'où $v = 2^m,657$
en admettant la relation :

$$v = 0,55V ;$$

et le nombre n de tours par minute était

$$\frac{60 \times 2,657}{3,14 \times 2R} = 10,22 ;$$

le but proposé était donc atteint.

Il faut remarquer que la vitesse V n'a pas été calculée à l'aide de la charge sur le bord supérieur de l'orifice, ainsi que je l'ai fait précédemment, d'après le procédé adopté par un grand nombre de praticiens et cité dans l'*Aide-Mémoire* de M. Claudel. On a admis ici, avec M. Poncelet, que dans un coursier la vitesse que perd le filet moyen correspond à une hauteur égale à 1 dixième du chemin parcouru entre la vanne et le moteur. On devra suivre du reste cette méthode chaque fois qu'il y aura entre la vanne et le point A une grande différence de niveau , comme cela arrive ici où la charge sur le centre de l'orifice est 0,96 , tandis qu'elle est de 1,29 sur le point A.

Afin de donner à la roue la propriété de marcher dans les fortes crues si fréquentes à la poudrerie d'Angoulême, on s'est ménagé la facilité de faire agir l'eau à une certaine hauteur ; une roue avec vannes inférieure et supérieure avait déjà été établie à Metz en 1846 , par M. le colonel du génie Parnajon, d'après les indications de M. Poncelet , et du reste une roue analogue, d'une force de 100 chevaux, faisait marcher depuis bien des années les laminoirs de l'usine de Monterhausen.

Les orifices à laisser ouverts dans le haut doivent ne pas être masqués quand la vanne inférieure est montée de toute sa hauteur, de plus quand leur vanne particulière est fermée elle a besoin de $0^m,05$ de recouvrement. Le seuil Q de cette ouverture inférieure a été déterminé par ces motifs; de plus, comme cet appareil doit fonctionner principalement en temps de crue et qu'alors le niveau d'amont s'élève de $0^m,10$, on a voulu recevoir en déversoir la nappe d'eau atteignant ce niveau ; l'orifice placé à la partie supérieure s'est donc étendu de Q en R.

Mais pour que l'eau passant par ce pertuis puisse arriver sans choc sur les palettes, il doit être muni de courbes directrices dont on obtient le profil par les moyens qui ont servi à tracer le coursier; néanmoins ce n'est pas ainsi qu'elles ont été tracées à Angoulême, on a employé le procédé qui sera décrit plus loin pour les roues à augets de côté.

Quatre directrices en tôle également espacées ont rempli ce but ; enfin pour empêcher l'eau provenant de ces orifices de quitter les aubes pendant la marche de la roue, on a ajouté une tête d'eau en fonte emboîtant la roue avec un jeu de $0^m,01$ et disposée de manière à ne pas gêner la sortie du liquide par la vanne inférieure.

33. Expériences relatives a ce troisième tracé. — Quand la roue d'Angoulême fut en état de fonctionner, M. le Ministre de la guerre prescrivit des expériences au frein dans le but de constater :

1° Le travail et le rendement de ces nouvelles roues dans diverses circonstances ;

2° La relation qui devait exister entre v et V pour le maximum d'effet ;

3° L'effort maximum dont la roue était susceptible ;

4° Les plus petites vitesses possibles et le travail qui y correspond ;

5° La marche de la roue noyée de petites quantités afin de reconnaître s'il y aurait avantage à tenir les moteurs de ce genre noyés dans les eaux d'aval ;

6° L'engorgement limite qui donnait le travail voulu ;

7° Le parti que l'on peut tirer de la vanne supérieure en général et dans les crues en particulier.

Ces expériences, dont fût chargé M. le capitaine d'artillerie de la Colonge, furent exécutées en août 1850. Elles sont au nombre de 115 dont je donnerai ici un résumé rapide.

Une première série d'expériences a eu pour but d'étudier la roue alimentée par la vanne inférieure seulement et sans engorgement ; le rendement a augmenté avec la levée de vanne jusqu'à ce qu'elle fût de $0^m,25$, puis il a diminué ; le rendement maximum a été de 0,678 et avait lieu quand $v = 0,579\ V$.

La seconde série d'expériences a eu pour but d'examiner l'influence de petits engorgements (de $0^m,11$ à $0^m,15$) la roue n'étant toujours alimentée que par la vanne inférieure ; on a trouvé que le rendement était plus grand que lorsque la roue n'était pas noyée, il atteint 0,752.

M. le capitaine de la Colonge attribue cet effet avantageux au dispositif particulier de la roue d'Angoulême, l'emplacement n'avait pas permis d'élargir le canal de fuite après le ressaut, il en conclut que la vitesse W avec laquelle l'eau sortait des aubes servait alors à dégager la roue et qu'il est avantageux de ne pas suivre en cela les principes établis par M. Poncelet.

Avec des engorgements croissant depuis $0^m,33$ jusqu'à $0^m,57$ le rendement a varié de 0,72 à 0,62. De cette nouvelle série on a conclu, quant à la fabrication spéciale qui exigeait 8 chevaux, que $0^m,57$ était l'engorgement limite au delà duquel la roue ne pouvait plus fonctionner à moins de diminuer le nombre des mécanismes à mouvoir.

Une quatrième série, dans laquelle les deux vannes fonctionnaient simultanément, prouve que la vanne supérieure recule beaucoup cette limite; la roue fournissait le travail nécessaire avec des engorgements de $0^m,82$. (Il faut toutefois remarquer que dans ce cas la roue ne donnait que 6 chevaux et demi, des expériences postérieures ayant démontré que cette force était encore suffisante pour les mécanismes à conduire.)

Dans une cinquième série d'expériences, on a vu que la vanne supérieure seule donnait un rendement de $0^m,444$, une vitesse de 4 tours et un travail de 2,09 chevaux.

On doit conclure de ce qui précède que la vanne supérieure est avantageuse pour les fortes crues. C'est aux industriels à juger s'ils se trouvent dans de telles conditions et si les avantages qui peuvent en résulter compensent les frais d'installation.

L'effort maximum que la roue peut exercer à sa circonférence a été étudié également, on a vu qu'il croissait avec la levée de vanne mais dans une proportion moindre; les levées de vanne augmentant de 1 à 6, l'effort limite ne croît que de 1 à 2, il est en moyenne 1,56 celui qui correspond au maximum d'effet.

Enfin cette roue peut marcher à des vitesses différentes de $\frac{1}{5}$ de la vitesse normale, sans que le rendement s'abaisse jamais à plus de $\frac{1}{11}$ au-dessous du maximum. Elle fournit de faibles vitesses encore très-régulières (telles que $\frac{1}{66}$ de tours en $1'$) si toutefois on emploie les deux vannes simultanément ; la vanne supérieure joue dans ce cas l'effet d'un régulateur.

34. MARCHE A SUIVRE DANS UN PROJET DE ROUES A AUBES COURBES EXÉCUTÉE D'APRÈS LE TROISIÈME TRACÉ. — Il me reste à indiquer la marche à suivre pour faire le projet d'une roue de cette espèce. Je suppose la question ainsi posée (Pl. II, Fig. 17).

Sous une chute H, construire une roue du troisième système de M. Poncelet ayant un effet utile déterminé Pv. On fixera d'abord le rayon par des conditions de vitesse ou de localité.

On adoptera ensuite la levée de vanne E, elle variera de $0^m,15$ à $0,25$; puis on prendra pour l'angle β, que font les aubes avec la circonférence, une valeur inférieure de $1°$ à peu près à l'angle donné par la formule :

$$\mathrm{Cos}\, \alpha' = \frac{R - E}{R}$$

Cette relation a été indiquée au numéro 26 ; on pourrait toutefois lui reprocher de ne pas provenir d'une démonstration générale, la valeur exacte de β serait donnée par la relation :

$$\mathrm{Sin}^2\, \beta = \frac{1}{2} - \frac{R - 2E}{2\sqrt{R(R + 4E)}}.$$

Je ne cite toutefois cette formule que pour compléter la matière, son emploi est inutile au point de vue pratique, car elle fournira les mêmes résultats que le moyen précédent. On trouvera néanmoins sa démonstration dans une note à la fin de cet ouvrage (Note 2).

Le point A où arrive le filet moyen sur la roue doit être

également déterminé, mais il n'y a pas à cet égard de règle très-fixe, l'angle fait par le rayon oA avec la verticale oB aura, presque toujours, une valeur peu différente de celle qui a été indiquée dans le tracé de la roue d'Angoulême, mais ce n'est qu'après une étude sérieuse et de nombreux tâtonnements qu'on pourra la fixer d'une manière convenable dans chaque cas particulier.

La méthode qui me paraît préférable pour déterminer A est la suivante :

M. Poncelet dit, qu'en général, il ne faut pas craindre de prendre la distance Bc du ressaut à la verticale passant par l'axe, égale $\sqrt{0{,}20\,R}$, s'il n'en résulte pas d'inconvénients dans le pertuis de la vanne. Mais ces inconvénients se produisent souvent, et il vaut mieux essayer une valeur moindre ; on fera donc Bc égale à $0^{m}{,}40$ ou à $0^{m}{,}45$, comme dans la roue d'Angoulême, quitte à prendre un nombre plus grand et recommencer le tracé, s'il ne mène pas à un bon résultat. Le point c étant déterminé ainsi, avec un rayon égal à R + le jeu, on décrira un arc Mc égal à l'intervalle compris entre deux aubes consécutives augmenté de $0^{m}{,}05$ au plus. Cet intervalle sera connu facilement parce que l'on pourra calculer immédiatement, comme dans les autres tracés, le nombre des aubes et par suite la distance qui existe entre deux aubes consécutives sur la circonférence extérieure de la roue.

Cela fait, remarquons qu'en désignant par δ l'angle du filet moyen avec la circonférence de la roue (angle que le calcul donne) [*], le rayon de la circonférence développée est $R \sin \delta$; on peut donc décrire cette circonférence et sa développée qui passant par M forme le fond du coursier.

De cette développante MD, on passera facilement à la construction de celle qu'affecte le filet moyen en relevant chacun

---

[*] Pour qu'il n'y ait pas de choc, il faut que $v \sin \beta = V \sin \alpha$ (Pl. I, Fig. 5), donc $\sin \alpha = \dfrac{v}{V} \sin \beta = 0{,}55 \sin \beta$. Cette équation donne $\sin \alpha$ et par suite α et $\delta = 180^{\circ} - \alpha - \beta$.

des points trouvés de la demi-épaisseur de la veine liquide, qui sera en général de $0^m,10$, et cette dernière courbe déterminera le point A par son intersection avec la circonférence extérieure de la roue.

Une fois A connu, on tirera oA et la ligne $o'A$ faisant l'angle β avec oA, et on tracera l'aube par un arc de cercle en choisissant son centre o' de manière à ce que l'angle formé par l'aube et la circonférence intérieure de la couronne soit droit ou obtus, circonstance négligée dans le tracé d'Angoulême d'après les dessins publiés; la hauteur $R - r$ de la couronne se trouvera du reste comme il a été dit précédemment au n° 29; il suffira de remarquer que si le moteur doit marcher considérablement noyé, la capacité offerte par la roue devra être égale à $5,50$ de la dépense. Jusqu'à présent rien n'a pu montrer que la position du point A provenant d'une valeur arbitraire prise pour Bc n'était pas bonne. Voici comment on verra si elle est admissible (Pl. II, Fig. 18).

L'eau montera sur la palette aboutissant en A jusqu'en un point k' qui sera situé à une hauteur à très-peu près égale à $\frac{H}{4}$ (que du reste on pourrait calculer exactement en se reportant à la note du n° 29); pendant cette ascension la force qui agit sur l'eau est $\omega^2\left(\dfrac{R+r}{2}\right) + g$, en supposant que la force centrifuge et la gravité agissent toutes deux dans la même direction, ce qui est sensiblement vrai. La veine suivant du reste un arc de cercle du rayon $o'A$ on peut lui appliquer la formule du pendule et calculer le temps de l'ascension par l'équation :

$$t = \frac{\pi}{2}\sqrt{\frac{Ao'}{\omega^2\left(\dfrac{R+r}{2}\right) + g}}.$$

Pendant ce temps, la roue aura tourné d'un arc :

$$v\,\frac{\pi}{2}\sqrt{\frac{Ao'}{\omega^2\left(\dfrac{R+r}{2}\right) + g}}.$$

Si donc on mesure une longueur AP égale à

$$v \, \frac{\pi}{2} \, \sqrt{\frac{Ao'}{\omega^2 \left(\frac{R + r}{2} \right) + g}}$$

on pourra déterminer le rayon oP sur lequel se trouve le point le plus haut de la veine.

Les filets liquides descendront ensuite, ils auront à parcourir une longueur $R - r$ sous l'influence d'une force accélératrice $\omega^2 \left(\frac{R + r}{2} \right) + g$, ils mettront donc un temps égal à

$$\sqrt{\frac{2 (R - r)}{\omega^2 \dfrac{R + r}{2} + g}},$$

ce qui répond sur la circonférence à une longueur PP' égale à

$$v' \, \sqrt{\frac{2 (R - r)}{\omega^2 \dfrac{(R + r)}{2} + g}}.$$

La position du point P' fera voir si celle du point A est admissible ; si P' est à plus de dix centimètres du niveau moyen d'aval il faudra recommencer le tracé.

Le ressaut sera vertical et aura une hauteur de 0,40 à 0,50.

La vanne sera inclinée et située à $0^m,15$ environ de la roue ; on règlera le point Q à partir duquel commenceront les orifices supérieurs par les conditions de la manœuvre des vannes ainsi que cela a été fait pour la roue d'Angoulême ; il sera bon toutefois de se ménager les moyens d'avoir recours à une levée de vanne de $0^m,40$ pour les fortes crues. Ordinairement quatre directrices suffiront , les deux inférieures se rapporteront aux grandes eaux ordinaires et les deux autres aux crues exceptionnelles. La distance entre ces directrices mesurée verticalement aux points de rencontre avec la circonférence extérieure de la roue sera de $0^m,06$ à $0^m,08$. Le profil des directrices sera obtenu à l'aide d'une développante de cercle absolument comme celui du coursier (Pl. II, Fig. 17).

La développante qui forme le fond du coursier sera prolongée par un arc de cercle DE décrit avec un rayon tel que le radier en amont ne soit pas trop élevé, le point D où il commence est déterminé par la condition que la distance GD soit égale à l'épaisseur des plus fortes veines qui pourront agir sur la roue. Enfin la dépense, la largeur de la roue seront calculées comme on l'a fait pour le projet exécuté suivant le deuxième tracé. On admettra dans les calculs 0,60 comme coefficient de réduction pour l'effet théorique quoique l'expérience ait prouvé que ce nombre est un peu faible.

35. Modifications a apporter au dernier tracé du général Poncelet. — Le tracé que je viens d'exposer paraît résoudre convenablement la question, il est cependant susceptible d'une grande simplification.

L'auteur procède en sens inverse de la méthode qu'il avait adoptée jusqu'alors; suivant la marche adoptée pour les roues à augets, il trace d'abord l'aube courbe et détermine un coursier tel que le filet moyen entre sans choc et que tous les autres filets liquides entrent en affectant la même courbe ; la développante du cercle remplit très-bien cette condition, mais pour arriver au même résultat il suffisait de prendre sur AF' un point F' quelconque et d'adopter pour la trajectoire du filet moyen un arc de cercle AB' décrit du point F' comme centre.

La développante complique inutilement la question ; du reste en pratique il n'y aura pas de différence sensible entre la développante du général Poncelet et l'arc de cercle qui serait décrit du point F', vu la faible longueur du coursier. L'adoption du cercle rendra le tracé et surtout la construction plus simple, enfin je crois utile de prendre, en général, son rayon assez grand et égal par exemple au diamètre de la roue ; il en résultera pour le radier d'amont une position convenable et les directrices auront une forme commode si on les trace de la même manière en prenant toutefois leur centre du côté opposé à celui de la roue.

J'ai adopté cette méthode dans la figure 19 où j'ai repris entièrement le projet de la roue d'Angoulême. Je vais esquisser en peu de mots la marche suivie.

Admettant que le point A sera à 26° 30' de la verticale, que la couronne aura $1^m,00$ de hauteur, j'ai tracé le parallélogramme d'après la relation $v = 0,55\ V$ (et non $v = 0,50\ V$), puis l'aube AK et l'arc de cercle AB' que je prends pour la direction du filet moyen. J'ai déterminé le fond du coursier en supposant une levée de vanne de 0,20 et sa fin D en admettant une levée de 0,25 dans certains cas, alors GD = 0,25; en D j'ai raccordé par un arc de cercle le fond du canal et celui du coursier, par le point D j'ai fait passer une vanne inclinée à 2 sur 5.

On peut voir que les conditions exigées par la roue sont très-bien remplies. En effet, on a :

Charge sur A. . . . . = 1,27
Chemin parcouru sur le fond . . . . = 0,90
Un dixième de chemin . . . . = 0,09

On a donc :

$$1,27 - 0,09 = 1,18$$

d'où
$$V = 4,81$$

$$v = 0,55\ V = 2,64$$

$$n = 10',17$$

La condition du recouvrement des vannes nous a obligé à considérer le point Q comme étant celui où pouvaient commencer les directrices, alors traçant une aube dans une position un peu inférieure, j'ai, par le parallélogramme de vitesse, déterminé la direction du filet moyen et j'ai pris N pour le centre de l'arc de cercle qu'il devra suivre; les deux côtés de la directrice ont été tracés du même centre.

M. le général Morin conseille de conserver le tracé en

spirale en y ajoutant l'emploi du vannage supérieur ; il reproche avec raison au nouveau système de relever beaucoup trop la vanne alimentaire et de faire perdre conséquemment une portion considérable de la force motrice ; mais il ne faut pas toutefois exagérer l'avantage de ces directrices, car leur nombre sera généralement peu considérable pour les motifs suivants :

1° La manœuvre de la vanne inférieure relève beaucoup le point où peut être placée la première directrice à partir du bas (surtout avec la développante) ;

2° Il faut que le point où sera placée la dernière directrice, à partir du bas, corresponde à une hauteur au-dessous du niveau telle que la vitesse V de l'eau en ce point soit notablement supérieure à celle de la roue.

36. ROUES MUES PAR UN COURANT INDÉFINI. — Aux roues en dessous se rattache une espèce de roues que l'on rencontre fréquemment sur les rivières rapides. Elles sont à palettes planes et montées soit en dehors d'un bateau, soit entre deux bateaux. La théorie expérimentale de ce moteur paraît encore bien incertaine malgré les expériences de Bossut, Christian et du général Poncelet.

Si l'on désigne par :

V la vitesse de l'eau affluente,
v celle du milieu de palette immergée,
A l'aire de la palette immergée,

le volume fluide qui vient agir dans chaque seconde est AV, sa masse $\dfrac{1000\,\mathrm{AV}}{g}$; mais comme la partie frappée de la roue a une vitesse v, l'effort constamment exercé par le liquide ou celui qui s'oppose à son écoulement (en vertu du principe d'égalité de l'action et de la réaction), ou encore celui qu'oppose la palette aux résistances de la machine égale la quantité de mouvement est :

$$\frac{1000\,\mathrm{AV}}{g}\,(\mathrm{V} - v).$$

On a donc :

$$Pv = \frac{1000\,AV}{g}\,(V - v)\,v.$$

Résultats expérimentaux sur cette espèce de roues. — Cette théorie, donnée par le général Poncelet, suppose qu'une seule et même palette est immergée pendant la durée de l'action de l'eau sur la roue ; un coefficient expérimental K devra donc affecter l'expression du travail utile et l'on devra prendre :

$$Pv = K\,\frac{1000}{g}\,AV\,(V - v)\,v.$$

Ce coefficient K a été recherché par plusieurs hydrauliciens :

$$
\begin{aligned}
&\text{D'après Bossut} \dots\dots \quad K = 1,121 \\
&\qquad\text{—} \quad\; \text{Christian} \;.. \quad K = 0,50 \\
&\qquad\text{—} \quad\; \text{Poncelet} \dots \quad K = 0,80
\end{aligned}
$$

On voit une certaine discordance entre ces divers résultats ; les dernières expériences paraissant les plus exactes, on admet la formule :

$$Pv = \frac{800\,AV}{g}\,(V - v)\,v = 81,56\,AV\,(V - v)\,v$$

jusqu'à ce que de nouveaux travaux aient résolu la difficulté.

La théorie donnerait pour le maximum de travail $v = \dfrac{V}{2}$, l'expérience a fourni $v = 0,40\,V$.

Voici du reste tout ce que l'on peut dire relativement aux proportions des diverses parties :

La hauteur des aubes doit être un quart ou un cinquième du rayon de la roue et être comprise entre 0,35 et 0,80, leur écartement sera égal à leur hauteur ; on adaptera à ces aubes des rebords d'une saillie de 0,05 à 0,10, elles pourront être noyées de 0,50 ; enfin, ainsi que je l'ai déjà dit (n° **23**) il sera avantageux d'incliner les palettes sur le rayon du côté d'amont ; cette inclinaison sera de 30° pour une roue plongeant de un quart ou un cinquième du rayon et de 15° seulement si elle plonge du tiers.

CHAPITRE III.

ROUES DE CÔTÉ.

37. Deux espèces de roues de côté. — On a vu précédemment qu'il y avait deux espèces de roues de côté :

1° Les roues de côté à palettes planes emboîtées dans des coursiers circulaires ;

2° Les roues à augets de côté.

Je m'occuperai tout d'abord de la première espèce.

38. Roues de côté a palettes planes emboîtées dans des coursiers circulaires. — Ces roues ont la même forme que les roues en dessous à palettes planes ; la différence consiste simplement dans le mode d'action de l'eau qui, arrivant par une vanne de fond ou par un déversoir, agit sur la roue par son inertie et par son poids (Pl. I, Fig. 3).

La roue est emboîtée dans un coursier circulaire dont le lit et les faces latérales affleurent les palettes et y retiennent l'eau.

39. Application de l'équation générale. Conditions du maximum d'effet. Conséquences pratiques. — Si l'on applique à ce moteur l'équation générale :

$$Pv = \frac{1}{2} mV^2 + mgh' - \frac{1}{2} m (U^2 + W^2),$$

il faut faire (n° 11) :

$$U^2 = V^2 + v^2 - 2Vv\cos\gamma ;$$

γ étant l'angle que fait la direction de V avec la normale à la palette qui reçoit l'action du liquide.

L'équation devient après la substitution et des réductions bien simples :

$$Pv = mgh' + mv(V\cos\gamma - v).$$

Le maximum de l'effet utile Pv correspond à celui de l'expression $v(V\cos\gamma - v)$ qui aura lieu si $v = \dfrac{V\cos\gamma}{2}$ et si $\cos\gamma = 1$; en faisant ces hypothèses il vient :

$$Pv = mgh' + m\frac{V}{2}\left(V - \frac{V}{2}\right)$$

$$= mgh' + \frac{mV^2}{4}.$$

H étant la hauteur de chute qui donne à l'eau la vitesse V, $V^2 = 2gh$; donc :

$$Pv = mgh' + \frac{mgh}{2} = mg\left(h' + \frac{h}{2}\right).$$

La hauteur totale de chute disponible H égale $h + h'$; on voit donc qu'établies dans les meilleures conditions, ces roues ne pourront jamais donner un travail utile égal au travail moteur. Ce résultat ne serait atteint qu'autant que h serait nul ; mais il en résulterait $V = o$ et $v = o$; il faudrait donc que l'eau tombât avec une vitesse nulle sur une roue sans vitesse.

Ces conditions ne sont pas réalisables évidemment, mais loin d'être absurdes, elles nous montrent une limite vers laquelle nous devons tendre ; il faut que h soit très-faible ainsi que V et v ; il paraît donc avantageux de prendre la veine liquide qui agit sur une roue de côté à palettes planes le plus près possible de la surface du réservoir alimentaire, c'est-à-dire, d'employer des déversoirs et de donner à la roue une faible vitesse.

Il fallait voir si l'expérience confirmait ces résultats théoriques.

40. Expériences de M. le général d'artillerie Morin. —
M. le général d'artillerie Morin a trouvé qu'à mesure que le
rapport $\dfrac{h'}{H}$ augmentait (c'est-à-dire à mesure que h dimi-
nuait) le rendement des roues de côté allait en augmentant
jusqu'à une certaine limite ; ainsi le tableau suivant indique
les rendements obtenus en faisant varier le rapport $\dfrac{h'}{H}$.

ROUES EXPÉRIMENTÉES.	VALEUR des $\dfrac{h'}{H}$	RENDEMENT OBTENU.
Roue de la fonderie de Toulouse......	$\dfrac{1}{3,6}$ à $\dfrac{1}{4,2}$	0,33
Roue de la poudrerie de Metz........	0,43	0,40
Même roue....................	0,53	0,55
Roue d'un atelier de Baccarat........	0,722	0,67
Autre roue de la même maison.......	0,89	0,75
Même roue...................	0,93	0,87

Ces résultats confirment ceux de la théorie ; il n'est pas
étonnant que le rendement ne croisse pas continuellement
à mesure que h diminue, il faut évidemment que la lame
d'eau qui agit sur la roue ait encore une certaine épaisseur,
sans quoi la plus grande partie s'échapperait par le jeu sans
effet utile. Ces expériences ont amené le général Morin à
conclure que les roues de côté devaient être alimentées par
des déversoirs et que l'épaisseur de la veine liquide convenable
était comprise entre $0^m,20$ et $0^m,25$.

41. Expériences de M. Marozeau. — Un ingénieur civil,
M. Marozeau, ancien élève de l'école polytechnique, a fait
publier, en 1844, dans le 86ᵉ Bulletin de la *Société industrielle de Mulhouse*, des observations qui confirment parfaitement les précédentes.

M. Marozeau a établi, à la blanchisserie de Breuil, près Saint-
Amarin ; une roue d'un système particulier ; son diamètre est

8

de 5^m,20 et sa largeur de 5^m,87, dans œuvre, est partagée en trois compartiments.

La vanne, large de 3^m,71, est divisée de même en trois vannes partielles, l'une au centre, de 1^m,247, les deux autres de 1^m,231 de large.

Les expériences de M. Marozeau, répétées du reste par la *Société industrielle de Mulhouse*, ont prouvé que, pour utiliser une certaine quantité d'eau, il valait mieux abaisser la vanne du milieu de 0^m,20 que d'en abaisser deux de 0^m,127 ou toutes les trois de 0^m,005.

Le rapport de l'effet utile au travail moteur a été, avec ces trois modes d'employer la même dépense, dans le rapport des nombres 0,71, 0,66, 0,52.

42. CONSÉQUENCES A DÉDUIRE DE CES EXPÉRIENCES. — Ainsi, en résumé; on adoptera les déversoirs pour alimenter les roues de côté à palettes planes, l'épaisseur de la veine liquide sera de 0^m,20 à 0^m,25, et si la roue a des compartiments, il vaudra mieux, au moment des sécheresses, verser l'eau dans un seul des compartiments, en abaissant la vanne correspondante de toute la hauteur nécessaire, que de la répartir sur toute la roue au moyen d'un faible abaissement simultané des diverses vannes.

43. DIRECTION QUE DOIT AVOIR LA VEINE LIQUIDE RELATIVEMENT AUX PALETTES. — Indépendamment de ces conditions, l'angle γ doit, d'après la théorie exposée précédemment, être égale à zéro; dans cette hypothèse on a vu que :

$$P v = m g \left(h' + \frac{h}{2} \right)$$

tandis que si γ a une certaine valeur, il vient :

$$P v = m g \left[H - h \left(1 - \frac{\cos^2 \gamma}{2} \right) \right].$$

La comparaison de ces deux formules permet d'apprécier la

perte d'effet utile qui proviendrait d'une valeur différente de zéro pour γ.

Supposons par exemple : $\gamma = 30°$

alors $\qquad\qquad\qquad \cos \gamma = 0,866$

et $\qquad\qquad\qquad \cos^2\gamma = 0,75$

et il vient :

$$P v = m g \, (\mathrm{H} - 0,625 \, h) \, ;$$

h ayant toujours une valeur très-faible on voit que l'effet utile théorique sera très-peu influencé par une pareille disposition.

Les constructeurs sont, par suite de cette considération, dans l'habitude de disposer les palettes dans le prolongement du rayon sans chercher que le filet moyen de la veine liquide qui alimente la roue vienne les frapper normalement, la construction de la roue est plus simple et l'effet utile n'est diminué que d'une quantité insignifiante.

Il est clair toutefois que l'angle γ augmentant, $\dfrac{\cos^2 \gamma}{2}$ diminue et par suite $1 - \dfrac{\cos^2 \gamma}{2}$ augmente, aussi l'angle γ ne doit pas, dans la pratique, dépasser 30° à 40°.

44. Rapport de l'effet utile théorique a l'effet utile pratique. Expériences du général Morin ; conditions du maximum d'effet. — Les expériences au frein ont indiqué encore au général Morin que le coefficient de correction à employer pour calculer l'effet utile de ces roues était 0,756 pour celles qui sont alimentées par des vannes ordinaires, c'est-à-dire par des orifices avec charge sur leur partie supérieure, et 0,797 pour des roues alimentées par des déversoirs. La théorie nous a donné :

$$P v = 1000 \, \mathrm{D} h' + \frac{1000 \, \mathrm{D}}{g} \, v \, (\mathrm{V} \cos \gamma - v)$$

(voir le n° 38).

Les formules pratiques à employer seront donc successivement pour ces deux cas :

$$Pv = 756\, D \left(h' + \frac{V \cos \gamma - v}{g}\, v \right)$$

et

$$Pv = 797\, D \left(h' + \frac{V \cos \gamma - v}{g}\, v \right);$$

v représentant maintenant la vitesse à la circonférence extérieure de la roue. De plus l'expérience a montré que pour le maximum d'effet $\frac{v}{V}$ pouvait varier entre 0,30 et 0,80.

La théorie avait indiqué que v devait être très-faible, elle peut sans inconvénient atteindre $1^m,50$ et même $2^m,00$ contrairement à l'habitude des praticiens qui considèrent le plus souvent $1^m,30$ comme sa limite supérieure.

L'expérience a montré que v ne devait jamais être plus petit que $0^m,80$, à cause de la perte qui a lieu par le jeu du coursier et dont le rapport au liquide utilement employé croît naturellement avec la lenteur de la roue.

45. Dimensions et proportions des diverses parties de ces roues. Formes a adopter pour le coursier. Expériences du général Morin et du colonel Dieu sur les roues noyées. — Fixons maintenant les formes et les proportions des diverses parties de la roue.

Forme. — J'ai signalé précédemment l'avantage qu'il y avait à prolonger les coursiers des roues latéralement et en dessous jusqu'à une distance de 3 à 4 mètres, afin d'utiliser la force vive perdue mW^2 à refouler l'eau du canal de fuite et de permettre à la roue de marcher malgré les engorgements qui tendraient à se produire.

M. Bélangé, ingénieur des ponts et chaussées, a proposé d'appliquer cette disposition aux roues de côté à palettes planes. M. le général Morin a fait établir, à la poudrerie du Bouchet, une roue d'après cette idée, elle a donné de très-bons résultats ; noyée de $0^m,35$ au repos, elle était débarrassée, dès les premiers instants de la marche, et fonctionnait absolument comme si la chute totale disponible était augmentée de 0^m,35.

M. le colonel d'artillerie Dieu, inspecteur de la poudrerie du Bouchet, a fait sur une roue à ressaut une série d'expériences qni confirment les précédentes.

Nous admettrons donc comme parfaitement prouvé qu'on augmente le rendement des roues de côté à palettes planes en noyant les palettes inférieures d'une certaine quantité qui pourra aller jusqu'à 0^m,25 en général.

Toutefois, la connaissance du régime des eaux du cours d'eau, de la durée des crues sera nécessaire pour fixer cette quantité; si l'on est exposé à de fortes et fréquentes crues, il faudra évidemmeut sacrifier un peu de la chute en temps de basses eaux, pour éviter des chômages toujours préjudiciables à l'industrie.

Enfin le coursier sera prolongé jusqu'à 3 ou 4 mètres, au delà de le verticale passant par l'axe de la roue, par un plan incliné au douzième environ; ses joues devront avoir une hauteur supérieure à celles des grandes eaux d'aval par lesquelles on peut encore marcher.

Rayon. — On sait que le rayon n'a pas, au point de vue théorique, d'action directe sur le rendement d'une roue, mais l'expérience a prouvé que pour les roues que nous étudions il était bon qu'il eut 0^m,25 à 0^m,30 de plus que la hauteur de chute, et que le centre de la roue fut à la cote du niveau d'amont. Cette disposition permet à l'eau d'entrer convenablement dans la roue.

Direction des palettes. — La veine liquide qui alimente les roues de côté à palettes planes arrivant sur le moteur avec une vitesse très-petite, on dirige ses palettes dans le sens du rayon sans se préoccuper de la perte de force vive due au choc.

Dans certaines usines, on trouve une disposition différente; à la manufacture d'armes de Chatellerault, les palettes sont un peu inclinées, de manière à se présenter presque horizontalement devant l'orifice; d'autres fois, l'angle de la palette et de la fonçure est remplacé par un pan coupé *bc* (Pl. II, Fig. 20).

Ces roues n'ont pas donné un plus grand rendement, elles sont même désavantageuses en ce sens qu'elles sont d'une construction plus compliquée et offrent à l'eau une moins grande capacité.

Écartement et nombre des palettes. — Cet écartement peut varier depuis $0^m,30$ jusqu'à $0^m,40$, il doit être tel que le nombre des palettes soit un multiple de celui des bras.

Hauteur des palettes et capacité des augets. — On ne peut fixer *à priori* la hauteur des palettes, elle est déterminée dans chaque cas par le calcul.

On a l'habitude de désigner sous le nom d'augets l'espace vide qui existe entre deux palettes planes ; l'expérience a prouvé que le volume d'eau admis dans chaque auget ne devait jamais excéder la moitié ou les deux tiers de sa capacité. Dès que le volume d'eau dépasse cette proportion, le liquide jaillit dans l'intérieur de la roue par les évents de 3 à 5 centimètres, qu'on laisse toujours entre la fonçure et la palette supérieure, pour le dégagement de l'air ; quand cet effet se produit, l'effet utile pratique n'est plus que les 0,60 de l'effet utile théorique.

En désignant par R — r la hauteur des palettes et L la largeur de la roue, on déterminera R — r d'une manière analogue à celle des roues Poncelet en se servant de l'équation :

$$(R - r)\left(1 - \frac{R - r}{2\,R}\right) L\,v = 2\,D.$$

Largeur de la roue. — La roue doit avoir une largeur égale à celle de l'orifice augmentée de $0^m,10$. Cette largeur ne devra jamais excéder 6 mètres ; au delà, la roue serait trop pesante ; si dans un projet on arrivait à dépasser cette dimension, il faudrait recommencer les calculs en augmentant l'épaisseur de la veine liquide.

Jeu de la roue dans le coursier. — Le jeu qui existe entre la roue et le coursier doit être aussi faible que possible, 4 à 5 millimètres suffisent.

**46. MARCHE A SUIVRE DANS UN PROJET DE ROUE DE CÔTÉ A PA-
LETTES PLANES EMBOÎTÉES DANS UN COURSIER CIRCULAIRE.** — Je vais
compléter les notions précédentes en décrivant la marche des
calculs et les tracés à exécuter pour faire un projet d'une roue à
palettes planes emboîtées dans un coursier circulaire (Pl. II,
Fig. 21).

Sous une chute de 1^m,50 *on propose d'établir une roue de
cette espèce qui aura une force de* 10 *chevaux.*

On suppose que le cours d'eau n'est pas sujet à des crues
fréquentes.

Nous adopterons un déversoir pour orifice alimentaire et
0^m,20 pour l'épaisseur E′ de la veine liquide, la charge E au-
dessus du seuil se calculera des relations que l'expérience a
pu établir entre E et E′.

D'après les expériences de M. Lesbros on peut adopter, dans
le cas où E′ = 0^m,20, la relation :

$$E' = 0,81\ E,$$

d'où $\qquad E = \dfrac{1}{0,81}\ E' = 1,23 \times 0,20 = 0^m,246.$

Quant aux largeurs du canal alimentaire et du déversoir
(que je suppose égales par la relation E′ = 0,81 E qui ne
s'applique qu'à ce cas), je ne puis les fixer qu'après avoir cal-
culé la dépense nécessaire pour donner à la roue un effet utile
de 10 chevaux.

La vitesse V′, avec laquelle l'eau sort du déversoir, est celle
du filet moyen en a, elle est due à la vitesse initiale que
possèdent les molécules liquides à leur arrivée en a et à celle
qui résulte de la charge Aa.

Les données de la question ne nous permettent pas de calculer exactement V′, nous obtiendrons toutefois une valeur
un peu faible mais approchée suffisamment en admettant :

$$V' = \sqrt{2g \times \text{A}a},$$

Aa se mesurera sur le dessin ; on peut, si l'on veut, en avoir
la valeur numérique ; car

$$Aa = E' - \frac{E}{2},$$

et comme

$$E = 0,81\, E',$$

$$Aa = \frac{2\,E' - 0,81\,E'}{2} = \frac{1,19\,E'}{2}.$$

Ici

$$E' = 0^m,246,$$

$$Aa = 0^m,146,$$

et

$$V' = 1^m,70.$$

La chute étant de $1^m,50$, le rayon aura, d'après ce qui a été dit précédemment, $1^m,75$; on décrira donc une première circonférence de $1^m,75$ de rayon et une seconde concentrique ayant un rayon de $1^m,755$, qui représentera le lit du coursier circulaire qui se raccordera sous la verticale passant par le centre de la roue, avec un plan incliné au douzième et d'une longueur de 3 à 4 mètres. Les faces du coursier circulaire devront avoir une hauteur égale à la profondeur des palettes, elles seront prolongées le long du plan incliné au douzième, ainsi qu'il a été dit au n° 45.

Le vannage formant déversoir est ordinairement incliné à $\frac{3}{1}$, il porte une tête d'eau généralement en fonte qui constitue la première portion du coursier circulaire, le tout est boulonné sur la maçonnerie.

Il est bon de ménager, ainsi que le montre la figure indiquée, une excavation sur toute la largeur du vannage au fond du canal d'arrivée ; elle est destinée à retenir les corps étrangers entraînés par le courant.

La roue étant placée, il faut savoir à quelle distance sera situé l'orifice d'écoulement ; pour cela il faut partir de l'angle que fera en m la tangente à la trajectoire avec la tangente à la circonférence ; en général, on doit avoir pour

$\cos \gamma$ une valeur d'environ $0,80$.

La trajectoire du filet moyen a pour équation générale :

$$y = \frac{g}{2 \, \mathrm{V}'^2} \, x^2,$$

et ici pour équation particulière :

$$y = 1,71 \; x^2;$$

en donnant à x les valeurs :

$$0,05 \quad 0,10 \quad 0,20 \quad 0,30,$$

on obtient pour y :

$$0,0043 \quad 0,0171 \quad 0,068 \quad 0,1539.$$

On tracera la courbe d'après les valeurs de ces coordonnées, un tâtonnement bien simple montrera la distance à laquelle l'orifice doit être placé pour que le filet moyen tombe sous une inclinaison admissible ; ici nous avons obtenu un angle de 55° rencontrant la roue à $0^m,51$ au-dessous du centre, ce qui paraît assez avantageux ; il en résulte :

$$\mathrm{V} = 2^m,47, \; h' = 1^m,44 \; \text{ et } \cos \gamma = 0,825 ;$$

prenons $v = 1^m,60$ (ce qui rend $\dfrac{v}{\mathrm{V}} = 0,65$ environ).

En portant ces valeurs dans l'équation générale du travail :

$$\mathrm{P}v = 797\,\mathrm{D} \left(h' + \frac{\mathrm{V} \cos \gamma - v}{g} \, v \right),$$

on en tire : $\mathrm{D} = 0^{m3},552.$

La dépense étant connue, la formule de Dubuat, adoptée pour le débit des déversoirs, permettra de conclure la largeur l du déversoir alimentaire ; on a en général :

$$\mathrm{D} = ml\mathrm{E} \sqrt{2g\mathrm{E}}.$$

Ici $\mathrm{E} = 0^m,246$; d'après les tables $m = 0,45$,

il vient $l = 2^m,60$

et la largeur L de la roue $= 2^m,70.$

Le nombre de bras sera ici de 6. Celui des palettes sera donc un multiple de 6; en divisant $2\pi R$ ou $10^m,99$ par $0,85$, on a $31 +$ une fraction; j'adopterai 30 palettes, ce qui donnera un écartement de $0^m,366$, entre chaque palette à la circonférence extérieure.

Leur profondeur, calculée d'après la relation indiquée précédemment, est $0^m,27$; on prendra $0,30$.

On voit de plus que la roue fera $8,1$ tours à la minute et que son rendement sera $0,78$.

47. EXAMEN DES PROPRIÉTÉS DES ROUES A PALETTES PLANES EMBOÎTÉES DANS DES COURSIERS CIRCULAIRES. — On doit voir par ce qui précède que ces roues ont de précieuses qualités, alimentées par un déversoir elles rendent en général les $0,75$ du travail moteur.

Elles marchent à des vitesses très-variables sans que leur effet utile diminue sensiblement, elles peuvent donner un effort trois fois plus grand que celui qui correspond au maximum d'effet. Elles conviennent à des chutes comprises entre $1^m,50$ et $2^m,50$; leur rayon étant au moins égal à la chute, on voit que pour des chutes au delà de $2^m,50$ elles seraient très-grandes et par suite très-lourdes.

Mais elles ont un grave inconvénient, celui d'exiger souvent une largeur que les localités ou les difficultés de construction ne permettent pas de leur donner.

48. ROUES A AUGETS DE CÔTÉ. THÉORIE DE CES ROUES. DONNÉES EXPÉRIMENTALES. — Dès que la chute dépassera $2^m,50$ et que le niveau du réservoir éprouvera des variations considérables, il vaudra mieux employer une roue à augets de côté.

La théorie des roues à augets de côté, est absolument la même que celle des roues de côté à palettes planes; elle indique que les vitesses V et v doivent être faibles.

L'expérience a toutefois montré qu'il convenait que l'eau arrivât sur la roue avec une vitesse de $3^m,00$, et par suite que le point de rencontre de l'eau avec la roue fut à $0^m,46$ au-dessous du niveau normal ; enfin pour la construction du vannage il faut que ce point soit à 60° du sommet.

49. PROPORTIONS DES DIVERSES PARTIES. — *Rayon.* — Cette condition permet de calculer le rayon qui convient dans chaque cas particulier.

Si A est le point d'arrivée de l'eau sur la roue, l'angle AoD sera de 50° ; la distance AF au niveau normal EF égalera 0,46 et EB sera la chute disponible H (Pl. II, Fig. 22).

On aura :

$$EB = oB + AD + AF$$

ou
$$H = R + R \sin 50 + 0,46,$$

ou
$$R (1 + \sin 50) = H - 0,46,$$

ou
$$R = \frac{H - 0,46}{1 + \sin 30} = \frac{H - 0,46}{1,50}.$$

Augets ; leur nombre et leur tracé. — Le nombre des augets sera déterminé par la condition qu'ils soient espacés d'environ $0^m,30$ à $0^m,40$ à la circonférence extérieure, et que leur nombre soit multiple de celui des bras.

On donne aux augets une hauteur $R - r$ calculée de telle manière que la capacité des augets soit double du volume liquide qui peut y être admis.

Quand on connaît les points de division a, b, c où doivent aboutir les augets à la circonférence extérieure et leur hauteur, il est assez facile de les tracer, on joint le centre O aux divers points a, b, c, on prend les milieux b'', c'', des longueurs bb', cc', et en tirant ab'', bc'' ou les profils $ab''b'$, $bc''c'$ des augets (Pl. III, Fig. 23).

Vannage. — On trace ensuite le vannage par la condition que l'eau ne choque pas la face AB de l'auget qu'elle rencontre à son arrivée sur la roue. Soit A le point situé à 60° du sommet de la roue, et une tangente Av ; prenons sur elle une longueur $Av = v$, vitesse de la circonférence extérieure, du point A avec un rayon égal à V = 5,00 décrivons un arc de cercle, menons *vc* parallèle à la face AB de l'auget ; Ac nous donnera la direction que doit avoir la veine liquide pour rencontrer AB sans choc (Pl. III, Fig. 24).

En effet, la construction précédente montre que V se décompose en deux vitesses, l'une égale à *v* et dans la même direction, l'autre parallèle à l'élément qui reçoit l'action de l'eau. L'expérience a montré que la vitesse *v* devait être de $2^m,00$ pour les grandes roues et $1^m,50$ pour les petites ; en général $v = 0,66\,V$.

Afin que l'eau arrive dans la direction Ac, on l'amène par un tuyau directeur ayant même largeur que la roue et une hauteur de $0^m,08$ déterminée par deux parallèles à Ac et distantes chacune de $0^m,04$ de cette ligne.

Mais comme cette roue est employée surtout dans le cas de niveaux variables, on doit faire en sorte qu'à toute hauteur l'introduction de l'eau sur la roue se fasse de même ; on répète donc cette construction pour l'auget supérieur et l'auget inférieur et on obtient une série de lignes analogues à Ac qui donnent des inclinaisons dont les directrices doivent se rapprocher autant que possible.

Les cloisons directrices sont limitées inférieurement à une circonférence concentrique à la roue et ayant un centimètre de plus que cette roue, à la partie supérieure à un plan incliné qui laisse des longueurs suffisantes pour assurer la direction de la veine liquide ; on leur donnera à cet effet $0^m,05$ de longueur.

On dispose de l'inclinaison de la vanne de manière à satisfaire le mieux possible à ces conditions. On n'y arrive même le plus souvent qu'après un certain nombre de tâtonnements.

Largeur de la roue. — On peut pour des roues de faible force ne prendre l'eau que par l'orifice qui correspond à l'auget situé à 60° du sommet de la roue ; mais si la roue doit être puissante, l'emploi d'un seul orifice mènerait à des roues excessivement larges, aussi sera-t-on, dans ce cas, obligé d'admettre que le niveau restant constant on emploiera deux et même trois orifices.

La largeur de la roue sera, comme toujours, celle des orifices augmentée de 0,10, et cette dernière variable dans chaque cas avec les données de la question se détermine par le calcul.

50. **Effet utile théorique et pratique. Conditions du maximum d'effet.** — L'équation qui donne l'effet utile théorique est :

$$Pv = 1000\, D \left(h' + \frac{V \cos \gamma - v}{g}\, v \right).$$

Les expériences au frein ont montré au général Morin que la première partie Dh', relative au travail moteur dû au poids du liquide, avait seule besoin d'un coefficient de correction égal à 0,78. La formule pratique sera donc :

$$Pv = 780\, Dh' + 102\, D\, (V \cos \gamma - v)\, v,$$

le maximum d'effet permettant de faire varier le rapport $\dfrac{v}{V}$ depuis 0,50 jusqu'à 0,80.

51. **Propriété des roues a augets de côté.** — J'ai déjà dit que ces roues sont avantageuses quand le niveau du réservoir éprouve des variations considérables. Elles conviennent surtout dans le cas où la chute ne dépasse pas $3^m,00$.

Le rapport $\dfrac{v}{V}$ pouvant varier entre 0,30 et 0,80 sans que l'effet utile s'écarte sensiblement du maximum, ces roues peuvent marcher à des vitesses fort différentes, ce qui est très-utile pour un grand nombre d'opérations ; enfin leur établissement n'est pas très-dispendieux et elles peuvent rendre 0,70 et 0,75 du travail moteur.

52. **Projets d'une roue a augets de côté.** — Je terminerai ce chapitre en indiquant la marche à suivre dans un projet d'une roue à augets de côté (Pl. II, Fig. 22).

Proposons-nous de construire sous une chute de $5^m,00$ une roue de cette espèce d'une force de 10 chevaux.

L'eau devant arriver sur la roue avec une vitesse de $5^m,00$, le rayon sera donné par la formule

$$R = \frac{H - 0,46}{1,50} = \frac{2,54}{1,50} = 1^m,69.$$

On décrira donc une circonférence de $1^m,69$ de rayon, le filet moyen de la veine liquide viendra le rencontrer en un point A situé à 60° à partir du sommet, et le niveau du réservoir supérieur sera FE situé à 0,46 au-dessus du point A.

La roue projetée devant avoir 6 bras, nous adopterons 30 augets, ce qui leur donnera $0^m,3841$ d'intervalle à la circonférence extérieure. On pourra donc, en partant du point A, fixer les points par lesquels passeront les divers augets.

Cela fait on déterminera la vitesse v de la roue ; ici prenons $v = 2^m,00$, ce qui donne à ce rapport une valeur de 0,66. La profondeur $R - r$ des augets doit être telle que l'auget ne soit jamais rempli qu'à moitié ; mais il n'est pas possible de la fixer immédiatement. Nous devons en adopter une, quitte à vérifier si elle remplit les conditions et la modifier plus tard si cela est nécessaire ; prenons $R - r = 0,40$ (Pl. III, Fig. 24), décrivons par conséquent une circonférence avec un rayon $oD = 1,69 - 0,40 = 1^m,29$, traçons l'auget ABD passant par le point A ainsi que la direction Ac que doit avoir le filet moyen de la veine pour arriver sur la roue sans choc, l'angle γ de Ac avec Av étant connu, on pourra dès lors se servir de l'équation :

$$Pv = 780\ Dh' + 102\ D\ (V \cos \gamma - v)v$$

où

$$Pv = 10 \times 75^{km},$$

$$h' = 3^m,00 - 0^m,46 = 2^m,54,$$

$$V = 5^m,00,$$

$$v = 2^m,00.$$

$$\gamma = 14° \text{ et } \cos \gamma = 0,98.$$

La seule inconnue sera la dépense D ; de sa valeur tirée

de cette équation, on déduira la largeur que doit avoir la roue alimentée par un seul orifice ; ici $D = 0^{m5},349$;

La dépense de l'orifice étant :

$$0,75 \times l \times d \times \sqrt{2gh''},$$

en représentant par l la largeur de cet orifice, par d sa hauteur ou la plus courte distance entre les faces, on a :

$$l = 1^m,93 \quad \text{et} \quad L = 2^m,03.$$

Si l'on suppose que le cours d'eau est susceptible de baisser par exemple, à certaines époques de l'année, de 0,20, on fera la même construction pour un auget idéal ab situé à $0^m,20$ au-dessous du précédent et on tracera l'ajutage correspondant qui sera ouvert au moment de l'étiage, le premier étant fermé. Si l'on avait trouvé pour la largeur L de la roue une valeur de plus de 6 mètres, on aurait dû (même sans la raison des variations du niveau) disposer deux ou trois orifices analogues. On verra, en faisant les calculs, que les dimensions des augets sont admissibles, enfin on emboîtera la roue dans un coursier circulaire afin d'empêcher le versement de l'eau et à partir de la verticale passant par le centre le coursier sera prolongé par un plan incliné au douzième.

CHAPITRE IV.

ROUES EN DESSUS.

53. ROUES EN DESSUS. — On a vu précédemment (n° 5) que les roues en dessus ne diffèrent à la vue des roues à augets de côté que par le mode de distribution de l'eau.

54. THÉORIE DES ROUES EN DESSUS. LEUR EFFET UTILE PRATIQUE. CONDITIONS DU MAXIMUM D'EFFET. — La théorie est absolument la même et l'équation qui donne leur effet utile est

$$P v = 780\, D h' + 102\, D\, (V \cos \gamma - v)\, v;$$

le maximum d'effet a lieu quand le rapport $\dfrac{v}{V}$ varie de 0,30 à 0,80. De plus l'équation précédente suppose que les augets ne sont jamais remplis qu'à moitié. La vitesse de la roue doit du reste être faible, et ne pas dépasser $2^m,00$ pour les petites roues et $2^m,50$ pour les grandes. Si les augets sont mal tracés, ou la vitesse trop grande et si le versement de l'eau admise sur la roue a lieu avant les 0,78 du diamètre de la roue, cette équation n'est plus admissible et il faut, pour apprécier l'effet utile, employer la théorie du général Poncelet que je décrirai plus loin sous le nom de théorie des roues à augets à grande vitesse.

55. PROPORTIONS DES DIVERSES PARTIES DE LA ROUE. — *Canal alimentaire. Levée de Vanne. Rayon.* — Le canal qui amène l'eau sur la roue, construit ordinairement en planches par motif d'économie, aura une section égale à 12 fois celle de l'orifice afin que le niveau soit sensiblement constant.

Il serait avantageux que le vannage qui est ordinairement

10

vertical pour la commodité de la manœuvre fût incliné ; l'épaisseur de la veine liquide doit être de 0,08 à 0,15 suivant la grandeur de la roue ; enfin la charge sur le centre est de :

$0^m,50$			$2^m,60$ à $3^m,00$
$0^m,60$			$3^m,00$ à $4^m,00$
$0^m,70$	pour des chutes de		$4^m,00$ à $6^m,00$
$0^m,80$			$6^m,00$ à $7^m,00$
$0^m,90$			$7^m,00$ à $8^m,00$

Ces charges sont réglées dans ce tableau de manière à donner à l'eau affluente une vitesse V convenable. On verra plus loin comment on a pu l'établir. A la sortie de l'orifice l'eau descendra sur un coursier qui devra être court ($1^m,00$ environ) et incliné au 10e ; la résistance qu'il opposera au mouvement de l'eau pourra être négligée dans les calculs.

La roue sera placée au-dessous du coursier, on laissera entre eux un jeu de $0^m,01$. Le centre de la roue devra être à $0^m,10$ en dehors de la verticale passant par l'extrémité du coursier, enfin la roue devra laisser au-dessous d'elle un jeu de 0,01 avec le coursier de décharge. Ce n'est qu'après quelques tâtonnements qu'on tracera la circonférence de la roue, toutefois on pourra, sans erreur sensible, admettre que son diamètre est égal à la hauteur de chute H diminuée de la pente du coursier et des deux espaces laissés en haut et en bas pour le jeu.

Augets. — Les augets sont tracés comme dans la roue précédente ; ils sont écartés de $0^m,30$ à $0^m,40$ à la circonférence extérieure, leur profondeur (voisine ordinairement de cet écartement) est calculée de manière à ce qu'ils ne soient jamais qu'à moitié remplis.

Vitesse de la roue. — La vitesse de la roue est réglée de manière à éviter le choc (Pl. III, Fig. 25).

Soit ab la trajectoire du filet moyen à sa sortie du coursier et V sa vitesse au point b ; il faut pour qu'il n'y ait pas de choc que V se décompose en deux vitesses dirigées l'une suivant la tangente à la roue, l'autre suivant *bc* ; une construction donnera donc la vitesse *bd* de la roue, mais cette vitesse ne doit pas dépasser une certaine limite, si elle est trop grande, on prendra sur *bd* une valeur *bd'* qui sera *v*, mais alors on sera obligé de modifier la construction de l'auget et de lui donner *bcc'* pour profil. S'il en résultait toutefois pour l'auget un angle trop aigu, il vaudrait mieux changer la charge sur le centre de l'orifice et par suite V.

On peut voir maintenant que le tableau indiquant les charges sur le centre de l'orifice a été formé de manière à ce que l'on obtint en général des valeurs convenables pour *v*.

Les augets ainsi tracés auront à la circonférence extérieure, une plus courte distance de 0,10 à 0,12, et comme on a reconnu que la veine liquide ne devait pas avoir une épaisseur plus grande, on a posé en principe que la levée de vanne serait de 0,08 à 0,10 pour des roues moyennes ; on pourra aller à 0,15 pour de grandes roues.

Largeur de la roue. — La largeur de la roue sera égale à celle de l'orifice augmentée de $0^m,10$.

56. **Marche a suivre dans un projet de roue a auget en dessus.** — Je vais montrer l'application qu'ont reçue ces principes dans le projet d'une roue à augets en dessus fait pour la poudrerie de St-Chamas.

La roue devait mener 24 pilons de 40 kilog., battant 56 coups par minute avec une levée de $0^m,40$.

Il est admis qu'un pareil travail exige 24^{km} par pilon ; il fallait donc $24 \times 24 = 576^{km}$ ou 7,68 chevaux.

La chute disponible était de $7^m,00$. On a pris une levée de vanne de $0^m,10$ et une charge de $0^m,80$ sur le seuil ; le coursier a eu $0^m,90$ de longueur et $0^m,06$ de pente, son fond en planches a $0^m,025$ d'épaisseur ; enfin le jeu étant de $0^m,015$, il en résulte pour la roue un diamètre de $6^m,10$.

En négligeant l'influence du coursier, la vitesse V' en *o* est (Pl. III, Fig. 26) :

$$\sqrt{2g \times 0,75} = 3^m,835.$$

A partir de o, le filet moyen décrit une courbe ayant pour équation :

$$y = x\, tg\, \gamma + \frac{gx^2}{2\, V'^2\, \cos^2 \gamma}$$

qui dans ce cas, d'après la valeur de l'angle γ mesurée sur le dessin, devient :

$$y = 0,063\ x + 0,841\ x^2 ;$$

en faisant x égal à 0,05, 0,10, 0,20, 0,30, 0,40, on en tire pour y les valeurs :

$$0^m,00525,\quad 0^m,01471,\quad 0^m,04624,\quad 0^m,09459,\quad 0^m,2527$$

qui permettent de construire la courbe et de trouver le point b où le filet moyen rencontre la roue, et comme il est situé à $0^m,11$ au-dessous du point O, la vitesse V en ce point égale :

$$\sqrt{2\ g \times (0,75 + 0,11)}\, ,$$

ou
$$V = 4^m,105.$$

Le nombre des augets a été pris égal à 56, par suite leur écartement à la circonférence est de $0^m,34$, leur profondeur de $0^m,35$.

Le tracé indiqué précédemment a donné $v = 1^m,20$ valeur un peu faible qu'on a néanmoins adoptée.

L'équation de l'effet utile quand on y substitue les valeurs

$$V \cos \gamma = 3,65,\quad v = 1^m,20,\quad h' = 6^m,08$$

donne
$$D = 0^{m3},1142 ;$$

on en conclut :

Largeur de l'orifice $l = 0^m,426$,
Largeur de la roue $L = 0^m,526$

(Les calculs précédents sont extraits du cours de mécanique de M. le général d'artillerie Morin).

57. Propriété des roues a augets en dessus. — L'expérience

a prouvé que le rendement des roues à augets varie entre 0,65 et 0,70 et qu'elles exigent une faible vitesse ; pouvant admettre un grand volume d'eau qui agit sur une grande hauteur, les roues en dessus n'ont pas de grandes largeurs. Enfin la submersion sur une hauteur égale à celle des couronnes ne les empêche pas de fonctionner. On les emploie pour les chutes comprises entre 5 et 10 mètres.

58. THÉORIE DES ROUES A AUGETS A GRANDE VITESSE.— Lorsque le versement a lieu avant que l'eau ait parcouru les 0,78 de la hauteur de chute, les données précédentes ne sont pas admissibles ; l'effet utile doit alors être évalué à l'aide de la théorie de M. le général Poncelet.

59. COURBURE DE L'EAU DANS LES AUGETS. — Une molécule m contenue dans un auget est soumise pendant la rotation aux deux forces mB et mc qui sont la force centrifuge et la gravité, leur résultante mD doit être normale à la surface liquide (Pl. III, Fig. 27).

Or,

$$Ao : om :: mc : cD,$$

$$Ao = \frac{om \times mc}{cD} ;$$

mais $om = r'$, $mc = g$, $cD = \omega^2 r'$ (ω étant la vitesse de rotation de la roue), donc

$$Ao = \frac{r' \times g}{\omega^2 \times r'} = \frac{g}{\omega^2} = \text{constante} ;$$

donc l'eau affecte une surface dont toutes les normales concourent au point A ; donc dans tous les augets, les surfaces liquides sont cylindriques et ont leurs centres en A.

De plus la distance oA ne dépendant que de la vitesse de rotation, on voit que si la vitesse est grande, Ao sera petit.

D'après cela on aura facilement le volume maximum que l'eau peut occuper dans un auget, ce sera le volume compris entre l'arc de cercle *ef* de rayon A*e* et le fond de l'auget *ehg*.

Il est clair que toutes les fois que l'angle A*eg* sera droit ou obtus, l'eau pourra entrer dans les augets et elle ne pourra être introduite si cet angle est aigu; de plus le point A, dit centre de répulsion, pourra être placé soit en dehors soit en dedans de la circonférence selon la grandeur de la quantité $\frac{g}{\omega^2}$.

Si le point A est en dedans, ce qui suppose une vitesse très-grande, le 1er auget placé sur la verticale donnera un angle aigu A*eg* et ce n'est guère que vers le 3e ou le 4e que l'angle sera droit et que par suite l'eau pourra s'introduire sur la roue. Ceci arrive en général pour les roues tournant de 30 à 35 tours par minute qui mènent le plus souvent des marteaux de forge.

Dans tous les cas, la position de A montre vers quel auget le filet moyen liquide doit être dirigé.

Si le centre de répulsion est en dehors de la roue, le volume admissible, qui varie avec l'angle A*eg*, a son maximum au sommet de la roue; aussi les roues lentes doivent-elles recevoir l'eau vers le sommet.

60. CONSÉQUENCE RELATIVE AU VERSEMENT ET POINT OU IL COMMENCE. — Tant que l'aire mixtiligne *cfgh* multipliée par la largeur de la roue donne un volume plus grand que celui de l'eau fournie dans chaque auget par l'orifice, le versement n'a pas lieu, mais dès que le produit sera inférieur le versement aura lieu.

Pour trouver le point où commence le versement, on tracera donc tous les augets, le centre de répulsion et les cercles qui donnent les volumes possibles. On calculera l'aire de ces volumes, puis sur une ligne MN égale à BC, on portera des ordonnées égales à ces volumes possibles; les abscisses étant les distances des augets projetées sur le diamètre, on aura ainsi la courbe *mn'*. Si l'on calcule alors le volume d'eau d qui est fourni par l'orifice à chaque auget, et si on mène $m'n''$ distant de d parallèlement à MN, le point N' indiquera le point où commence le déversement (Pl. III, Fig. 28).

61. APPLICATION DE L'ÉQUATION GÉNÉRALE AUX ROUES A AUGETS A GRANDE VITESSE. — Nous avons dit précédemment que la théorie des roues à augets était la même que celle des roues à palettes planes emboîtées dans des coursiers circulaires. Cela est vrai quand on laisse de côté le versement, car l'équation théorique :

$$P v = 1000 \ D \left(h' + \frac{V \cos \gamma - v}{g} \ v \right)$$

suppose que la dépense D agit pendant la hauteur h' par son poids. Si cette eau dépensée se déverse peu à peu avant d'arriver au bas de h', il est clair que le travail utile donné par une pareille formule ne sera pas admissible. D'un autre côté, l'introduction d'un coefficient de correction ne serait facile, dans ce cas il vaut mieux chercher le point de versement et calculer le travail de l'eau sur la roue après ce point comme celui d'une force variable pendant un certain espace (Pl. III, Fig. 29).

Nous décomposerons donc h' en deux parties, l'une h'' qui précède le versement, l'autre h''' pendant laquelle le versement s'opère, et nous chercherons par la méthode précédente les volumes variables d'eau qui agissent encore sur la roue à certains points $a_1 \ a_2 \ a_3 \ a_4 \ a_5 \ a_6 \ a_7$ équidistants entre eux et en nombre impair, afin d'y appliquer le théorème de Thomas Simpson.

On tracera la courbe mn' (Pl. III, Fig. 26) dont les différents points auront pour abscisses les distances $oa_1 \ oa_2 \ oa_3 \ oa_4$.... et pour ordonnées les volumes variables $d_1 \ d_2 \ d_3$... d'eau contenus dans les augets correspondants ; le travail variable de l'eau sera l'aire de cette courbe et aura pour expression :

$$1000 \frac{1}{3} a_1 a_2 [d_1 + d_7 + 4(d_2 + d_4 + d_6) + 2(d_3 + d_5)]$$

ou
$$a_1 a_2 = \frac{h'''}{6}.$$

Dans cette formule il est clair que $d_1 = d$, que généralement d_5, d_6 sont à peu près nuls ; en tout cas $d_7 = o$.

Cette expression donne le travail de la gravité sur un auget; or il en passe devant l'orifice $\frac{v}{e}$ en $1''$ (e étant l'écartement des augets à la circonférence) ; donc le travail total de la gravité sera :

$$1000 \frac{v}{e} \left\{ h''d + \frac{1}{3} \frac{h'''}{6} [d + 4(d_2 + d_4 + d_6) + 2(d_3 + d_5)] \right\}$$

L'équation théorique qui donne l'effet utile des roues à augets, en tenant compte du versement, sera donc :

$$Pv = 1000 \frac{v}{e} \left\{ h''d + \frac{1}{3} \frac{h'''}{6} [d_1 + 4(d_2 + d_4 + d_6) + 2(d_3 + d_5)] \right.$$
$$\left. + 1000 D \frac{V \cos \gamma - v}{g} v \right\}.$$

Le second membre devra représenter l'effet utile sans coefficient de correction; l'expérience le prouve. Ainsi dans les expériences faites par le général Morin sur les roues de la Renardière, alors que l'on trouvait par le frein un effet utile :

$$489^{km} - 607^{km},20 - 686^{km},11 - 733^{km}10 - 748^{km},97$$
$$- 749^{km},58 - 686^{km},50 ;$$

le calcul a donné :

$$494 - 580 - 674 - 721 - 726 - 748 - 682.$$

62. RÉSULTATS D'EXPÉRIENCE. — En résumé, la théorie des roues de côté ne pourra jamais s'appliquer aux roues à augets que lorsqu'elles ne marcheront pas à une vitesse de plus de $2^m,00$, si elles ont $2^m,00$ de diamètre, et $2^m,50$ si elles sont

plus grandes ; elle exige aussi que les augets ne soient remplis qu'à moitié. Si les roues sont grandes, marchent lentement, les augets étant remplis aux deux tiers on prendra 650 au lieu de 780 pour le facteur du premier terme.

Enfin si les roues ont de petits diamètres et si v excède $2^m,00$ il faut calculer leur effet utile par la théorie des roues à augets à grande vitesse.

CHAPITRE V.

MESURE DU TRAVAIL UTILE DES ROUES HYDRAULIQUES. — FREIN
DYNAMOMÉTRIQUE DE DE PRONY. — FREIN DE M. EGEN,
EXPÉRIENCES DU GÉNÉRAL MORIN.

63. MESURE DU TRAVAIL UTILE TRANSMIS PAR UN ARBRE TOURNANT.
— Le moyen qui s'offre tout d'abord à l'esprit pour mesurer
la force transmise par un moteur à un arbre tournant, et le
travail utile qui en résulte, consiste à remplacer les résistances
que doit vaincre cet arbre tournant par un poids attaché à
l'extrémité d'une corde enroulée sur cet arbre ou sur un cylindre concentrique.

En désignant par Q ce poids et R le rayon du cylindre sur
lequel la corde s'enroule ; $2\pi RQ$ sera le travail utile transmis
par le moteur dans un tour de l'arbre, en négligeant toutefois
la résistance due à la raideur de la corde et au frottement des
tourillons.

Ce mode d'expérimentation a été employé par les anciens
hydrauliciens ; Q se déterminait par la double condition : que
la machine fît, sous cette résistance passagère, le même nombre
de tours par minute que sous la résistance journalière de l'usine
et que son mouvement fût uniforme.

Quand il s'agit de machines puissantes, le poids Q est nécessairement énorme ; de plus pour être sûr de l'uniformité
de son mouvement, il faut lui donner un long parcours et
par suite faire passer la corde sur une poulie placée au haut
d'un mât ou d'une maison ; enfin il est nécessaire de tenir
compte de la raideur de la corde et des frottements des tourillons des poulies dans leurs coussinets.

En résumé ce procédé, si simple au premier coup d'œil.

entraîne avec lui de grandes difficultés d'exécution , aussi de Prony a-t-il rendu un grand service à la science en proposant, en 1821 , l'emploi du frein dynamométrique. Avant de Prony, plusieurs mécaniciens avaient tenté de résoudre le même problème ; un anglais, White, avait donné en 1804 un dynamomètre qui , comme ceux de Walter et de Coriolis, repose sur des considérations ingénieuses , remplit bien le but que son auteur s'est proposé , mais est difficilement transportable et ne peut être construit partout, en peu de temps et à peu de frais. Je passerai donc sous silence ces divers instruments , renvoyant pour leur description aux bulletins de la *Société d'encouragement* (années 1828 , 1829 et 1851), et je me contenterai de décrire le frein de de Prony et les modifications qu'y a apportées M. Egen , ingénieur prussien.

64. Description du frein de de Prony. Modification de M. Egen. Marche a suivre dans les expériences. — Le frein dynamométrique proposé par de Prony consiste en un levier *ab* (Pl. III, Fig. 30), garni d'un coussinet qui repose sur l'arbre tournant *c* auquel la direction du levier est perpendiculaire ; un second coussinet est réuni au premier par deux boulons *d* et *d'* au moyen desquels on peut serrer à volonté l'arbre entre les deux coussinets qui prennent souvent le nom de *mâchoires du frein.*

Si nous supposons une roue hydraulique parfaitement libre, c'est-à-dire n'ayant plus aucune communication avec les machines outils qu'elle conduit ordinairement, de la compression de son arbre entre les deux mâchoires du frein résultera un frottement en vertu duquel le levier *ab* prendrait un mouvement de rotation si rien n'y mettait obstacle, mais on conçoit qu'on pourra toujours déterminer un poids Q agissant à l'extrémité de levier qui le maintiendra horizontal. L'arbre tournera donc seul en éprouvant entre les deux coussinets un frottement plus ou moins considérable dont le travail sera égal à celui de la résistance que la machine doit vaincre quand elle fonctionne réellement, si toutefois on serre les boulons de manière à lui faire accomplir en un temps donné le même nombre de tours que dans le travail journalier.

Il doit paraître évident, d'après cette description, que l'emploi du frein de de Prony revient à remplacer le travail inconnu de la résistance de l'usine par un autre: celui que développe le frottement de l'arbre contre les mâchoires du frein, qui lui est équivalent et que l'on peut apprécier facilement. En effet, soit F la force de frottement qui s'exerce à l'extrémité du rayon r de l'arbre et n le nombre de tours qu'il fait en $1'$, $\dfrac{2\pi r n F}{60}$ est le travail en $1''$ du frottement et par suite le travail transmis à l'usine par l'arbre tournant. L'inconnue F se détermine à l'aide du poids Q qui tient le levier en équilibre; on a en effet: $Fr = Ql$; l étant la distance du point de suspension du poids à la verticale passant par le centre de l'arbre.

Le travail transmis à l'usine en une seconde a donc pour expression définitive :

$$2\pi l Q\,\frac{n}{60}\,.$$

Ainsi, pour connaître le travail fourni par une roue hydraulique, tout se réduit au point de vue théorique : 1º à serrer les boulons d et d', de manière que l'arbre tournant prenne dans le frein la même vitesse de rotation que dans le travail journalier ; 2' à maintenir le levier dans une position d'équilibre au moyen d'un poids ; 3' à substituer dans la formule précédente les données résultant de l'expérience.

Toutefois, malgré cette simplicité apparente, les expériences au frein sont fort délicates et il ne sera pas superflu d'entrer dans quelques détails sur la marche à suivre et les précautions à prendre. Avant de monter le frein sur l'arbre (que je suppose horizontal), il faut disposer en avant, en arrière, des points d'appui solides tels que chevalets, chantiers, etc., ayant pour objet d'empêcher le levier de tourner et par suite de limiter l'amplitude des oscillations qu'il exécutera.

On montera ensuite le frein dont on serrera les mâchoires peu à peu de manière à laisser prendre à l'arbre tournant sa vitesse de régime par l'effet combiné de la puissance ordinairement développée et du frottement du frein dont le levier sera maintenu et rendu presque fixe par les appuis solides dont j'ai parlé précédemment. Quand la vitesse de régime est établie, on charge le plateau A d'un poids suffisant Q' pour que le levier n'exécute que de faibles oscillations autour de sa position d'équilibre.

Le poids Q qui tient le levier en équilibre se composera de Q' et du poids p du levier rapporté au point de suspension du plateau, qui se calculera facilement, et de celui du plateau.

L'emploi du frein dynamométrique de de Prony a une limite due à celle du serrement des écrous.

En effet, le frottement F a pour valeur fX, X étant la pression qu'exercent les mâchoires sur l'arbre et f le coefficient de frottement; le travail utile que l'on veut mesurer T étant égal à

$$F \times 2\pi r \, \frac{n}{60} \text{ ou à } fX \, \frac{2\pi rn}{60}$$

quand T sera très-grand il faudra, si r est petit, que X soit lui-même très-grand; en un mot, pour mesurer un travail utile considérable transmis par un arbre tournant d'un petit diamètre, il faudrait serrer les écrous de manière à produire des pressions excessives que l'on ne pourrait pas toujours exercer ou qui altéreraient la surface de l'arbre et nuiraient à la fois à sa solidité et à la régularité de l'expérience. Au delà d'une certaine pression, les corps en contact se rodent et Coulomb a déterminé dans quelques cas, la pression limite qu'on peut leur faire supporter sans crainte de les altérer. Si bien des expérimentateurs n'ont pu obtenir des oscillations légères dans l'emploi du frein, c'est probablement parce qu'ils avaient dépassé cette pression limite et serré tellement les mâchoires qu'ils les avaient imprimées dans l'arbre tournant.

D'après le général Morin on peut admettre les données suivantes :

Sur un arbre en fonte de $0^m,16$ de diamètre on peut, à la vitesse de 20 à 30 tours par minute, mesurer une force de 6 à 8 chevaux.

Sur un arbre de $0^m,30$ à $0^m,40$, avec une vitesse de 15 à 30 tours par minute on peut mesurer une force de 15 à 25 chevaux.

Sur un arbre de $0^m,65$ à $0^m,80$, avec une vitesse de 15 à 30 tours par minute on peut mesurer une force de 40 à 60 chevaux.

Il deviendra donc indispensable de monter souvent sur les arbres tournants des manchons d'un assez grand diamètre sur lesquels on appliquera le frein après les avoir tourné sur place.

Il sera bon également que les surfaces frottantes, c'est-à-dire les mâchoires et l'arbre soient métalliques, elles se déformeront moins facilement que le bois.

M. Egen, ingénieur allemand, a modifié la construction du frein de Prony.

Il augmente artificiellement le diamètre de l'arbre tournant en centrant sur lui un collier en fonte sur lequel il place un frein qui ne diffère de celui de de Prony qu'en ce que le second coussinet est remplacé par une chaîne articulée (Pl. III, Fig. 31).

C'est d'après ces idées qu'a été établi l'appareil dont s'est servi M. le général Morin dans ses expériences. Je vais, du reste, en donner une description détaillée :

Il se compose d'un collier annulaire en fonte, formé de deux parties qui s'assemblent en b, b par des oreilles avec boulons et écrous. Le diamètre intérieur de ce collier est de 0,80, son épaisseur au milieu est de 0,03 sur une largeur de 0,16 ; sur les côtés un rebord en saillie de 0,03 le rend plus rigide et empêche les pièces frottantes de s'échapper latéralement. Le général Morin a vu cependant que l'épaisseur du milieu de 0,03 n'était pas toujours suffisante.

La surface extérieure de la gorge est tournée avec soin afin qu'il suffise de centrer le collier par rapport à l'arbre sur lequel on le monte ; six grandes vis à tête carrée *c*, ayant un filet long de 0,25 , permettent d'y arriver facilement. Quand l'arbre tournant est en fonte ou en fer on ne peut employer cet appareil sans monter sur l'arbre un noyau cylindrique ou prismatique parce que, dans ce cas, les vis sont trop courtes ; pour des arbres en bois qui auraient moins de 0,45 de rayon il suffit de les faire agir sur des cales intermédiaires d'une épaisseur suffisante.

Une fois le collier centré, il faut le caler avec soin sur l'arbre, à l'aide de coins disposés deux à deux, de manière que leurs faces extérieures soient toujours parallèles à l'axe. Ce calage est indispensable, le grand effort qui tend à faire tourner le collier autour de l'arbre pourrait fausser les vis. Enfin quand les coins sont placés convenablement, il faut les frapper peu à peu et tour à tour afin que le collier reste parfaitement circulaire ; cette précaution est tout à fait nécessaire quand le collier n'a pas une épaisseur plus forte que celle qu'avait adoptée M. le général Morin.

Le levier du frein est identique à celui de de Prony, c'est une pièce de sapin de 3,50 environ de longueur et de 0,15 à 0,20 d'équarrissage ; le dessous reçoit par embrèvement un coussinet en bois dur, doublé en tôle, qui repose sur le collier par une partie concentrique à sa surface ; un ou plusieurs trous percés à travers le levier et le coussinet permettent de verser de l'eau pour refroidir les surfaces frottantes qu'on doit bien se garder de graisser, parce qu'il en résulte des inégalités de résistance qui rendent toute observation impossible, ainsi que l'a remarqué M. le général Poncelet.

Deux gros boulons de 0,60 de longueur et de 0,03 de diamètre traversent le levier du frein et supportent une chaîne articulée composée de plaques de tôle de 0,005 d'épaisseur sur 0,10 de largeur, réunies à charnière par des boulons de 0,005 environ de diamètre et cintrées suivant une courbure un peu plus grande que celle du collier. Cette chaîne est terminée par deux demi-mailles renforcées au bout et formant les femelles d'une charnière pour recevoir les têtes plates des deux gros boulons qui traversent le levier auxquels elles sont réunies par deux petits boulons de 0,015 de diamètre.

Telles sont les diverses parties du frein dont s'est servi M. le général Morin dans ses expériences de 1828 et 1829 ; cette description est du reste extraite en partie du mémoire qu'il a présenté à cette époque à l'Académie des sciences.

Cet appareil, quoique lourd, est suffisamment transportable, il pèse environ 250 kilogrammes.

Ce qui précède suffit pour concevoir parfaitement l'instrument et la manière de s'en servir quand il s'agit de constater l'effet utile que produit une roue hydraulique marchant dans des circonstances données, c'est-à-dire avec une levée de vanne et une vitesse déterminées. Mais dans l'étude des machines on se sert encore du frein pour suivre la marche des roues hydrauliques et reconnaître quelles sont les levées de vanne et les vitesses qui sont préférables pour chaque espèce. On doit dans ce cas :

1° Reconnaître avant l'expérience si la roue est centrée ; si la roue n'est pas en équilibre autour de son axe on ajoutera des contrepoids de manière à rétablir l'équilibre ; on graissera les tourillons et coussinets et on verra s'il n'y a pas d'épaulements frottant contre les extrémités de l'arbre ou des tourillons ;

2° Placer en avant et en arrière de l'arbre des chantiers ou chevalets destinés à limiter à des angles de deux ou trois degrés les oscillations du levier ;

3° Monter l'appareil, ouvrir la vanne de la roue d'une quantité certaine, laisser marcher la roue à vide pendant quelques instants, attendre que le niveau de l'eau et la vitesse de la roue soient constants, serrer un peu les mâchoires sans placer de poids dans le plateau de la balance. Le mouvement se ralentissant, compter le nombre de tours de la roue en 1' dès que le levier oscille légèrement autour de sa position d'équilibre, et quand ce nombre est constant noter toutes les données de l'expérience ; savoir : la levée de vanne, la hauteur de chute, la vitesse V de l'eau, la vitesse v de la roue, la charge Q qui agit réellement à l'extrémité du levier.

Cela fait, placer 5 ou 10 kilogrammes dans le plateau, serrer un peu les mâchoires pour tenir cette nouvelle charge en équilibre, noter la nouvelle vitesse v et la charge. Continuer ainsi en augmentant la charge jusqu'à ce qu'on arrête la roue.

Ces expériences répétées sur plusieurs levées de vanne, depuis les plus faibles jusqu'aux plus grandes, permettront d'étudier toutes les circonstances et les conditions de marche de la roue, on verra quelles sont les levées de vannes préférables, quelle est la relation la plus avantageuse à établir entre v et V relativement à l'effet utile.

Il sera bon de représenter les résultats par des courbes, en prenant par exemple le nombre de tours à la minute pour abscisses et l'effet utile ou le rendement pour ordonnées ; si l'on a bien opéré, les courbes obtenues devront être régulières, leur tracé pourra donc servir à redresser les erreurs.

65. EXAMEN D'UN CAS PARTICULIER. — La théorie précédente suppose que les communications entre l'arbre tournant de la machine motrice et les machines outils peuvent être interrompues, et qu'on place le frein sur cet arbre, il n'en est pas toujours ainsi.

Supposons, par exemple, qu'une roue hydraulique à augets porte sur son arbre tournant une roue de rayon R', engrenant avec une seconde de rayon R'', et qu'on soit obligé de placer le frein sur l'arbre de cette dernière (Pl. III, Fig. 32).

L'expérience sera toujours conduite de la même manière, mais la marche des calculs sera différente : il faudra établir l'équation d'équilibre des différentes forces qui agissent sur la roue ; P étant la force motrice de l'eau qui sera ici verticale, PR est le moment de la puissance si R représente la distance du centre d'impulsion de l'eau à celui de la roue ; ce moment sera égal à la somme des moments des résistances qui proviennent : .

1° De la résistance utile P' offerte par la roue d'engrenage du rayon R" ;

2° De la résistance p égale à $P'f\pi\ \dfrac{m+m'}{mm'}$ due au frottement des dents de ces roues, expression dans laquelle f est le coefficient de frottement, π le rapport du diamètre à la circonférence, m et m' les nombres de dents de chacune des roues ;

3° Du poids M de la roue hydraulique, de l'eau qu'elle contient et de la roue de rayon R', poids qui occasionne un frottement sur les tourillons qui, lorsqu'on suppose (comme dans la figure 52) la force P' horizontale, devient :

$$f'\sqrt{(M+P)^2+(P'+p)^2},$$

f' étant le coefficient de frottement des tourillons sur les coussinets. On a donc :

$$PR = P'R' + pR' + f'\rho\sqrt{(M+P)^2+(P'+p)^2},$$

ρ étant le rayon des tourillons. Cette équation peut être mise sous la forme

$$P = \varphi\,(P') \qquad\qquad (1).$$

Une équation analogue relative au centre o'' donnera :

$$P'R'' = Ql + f''\rho'\sqrt{(M'+Q)^2+P'^2},$$

Q étant la charge totale du frein, l sa distance entre le point de suspension du plateau et le centre de l'arbre tournant, ρ' le rayon des tourillons du nouvel arbre, f'' le coefficient de frottement correspondant,

d'où $\qquad\qquad P' = \psi\,(Q) \qquad\qquad (2).$

Des équations (1) et (2) on tirera $P = \chi\,(Q)$ et l'on aura donc les diverses valeurs de P en fonction de la charge totale Q du frein ; en multipliant ces valeurs par la vitesse v de la roue correspondante à chaque valeur de Q, on en tirera l'effet utile Pv réellement transmis par le moteur que l'on peut désigner sous le nom d'effet *utile total.*

Si à cet effet utile total on ajoute la perte de travail dynamique, causée par le frottement des tourillons de la roue
hydraulique, on a l'effet utile de la roue indépendamment de
ses tourillons, et par suite la quantité correspondante à celle
représentée par Pv dans les équations théoriques. La comparaison de ces deux dernières valeurs permet donc de déterminer le coefficient de correction des formules théoriques.

66. CAS D'UN ARBRE TOURNANT VERTICAL. — J'ai supposé implici-
tement que l'arbre tournant est horizontal, mais le frein s'applique parfaitement aux arbres verticaux ; dans ce cas on
soutient le levier par un contrepoids, et le plateau est attaché
à une corde qui passe sur une poulie et tire le levier dans
une direction horizontale.

67. RÉSUMÉ GÉNÉRAL DES EXPÉRIENCES A FAIRE AU FREIN. RÉCEP-
TION DES MACHINES DANS LES USINES. SON EMPLOI POUR LES MACHINES
OUTILS. INCONVÉNIENTS QUI EN RÉSULTENT. — On voit, d'après ce
qui précède, que le frein de Prony, en permettant d'évaluer
l'effet utile d'un arbre tournant, sert à l'appréciation des machines motrices, et fait connaître les circonstances les plus
avantageuses pour leur marche. Il fournit par suite le moyen
de constater si une machine achetée au commerce remplit les
conditions imposées au fabricant.

Le frein peut non seulement servir à mesurer l'effet utile
d'une machine motrice, mais il peut servir aussi à connaître
le travail dynamique exigé par une machine outil déterminée.
Il suffit pour cela de faire marcher la machine motrice et les
machines outils autres que celle sur laquelle on opère dans
les conditions ordinaires et de placer, sur l'arbre tournant
qui donne le mouvement à cette dernière, un frein dont on
serrera les mâchoires de manière qu'elle prenne sa vitesse
normale.

Ce genre d'expériences est toutefois assez difficile, de plus
les localités ne s'y prêtent pas toujours, enfin il offre le désagrément d'obliger à interrompre le travail, aussi M. le général

d'artillerie Morin a-t-il rendu un grand service à la science et à l'industrie en inventant le dynamètre de rotation qui permet d'apprécier la quantité de travail mécanique exigé par une machine outil pendant qu'elle exécute son travail industriel.

CHAPITRE VI.

68. CHOIX DES MATÉRIAUX. — Les matériaux employés dans la construction des moteurs hydrauliques sont : le bois, la fonte et le fer forgé.

L'espèce des matériaux employés doit varier naturellement avec les ressources de chaque pays. On conçoit que les Suédois et Anglais se servent de la fonte et du fer d'une manière presque exclusive, tandis qu'en France, où les bons minerais sont peu abondants, on doit faire concourir nos excellents bois aux constructions industrielles, en tant que le permet le but que l'on se propose. Examinons successivement les diverses parties des roues hydrauliques verticales.

Arbre. — Les arbres se font indifféremment en bois, ou en fonte ; le fer forgé, à cause de sa flexibilité, ne peut être employé que pour des roues peu larges et d'un poids peu considérable. Les arbres en bois sont en chêne ou en hêtre. Le chêne vaut mieux ; il doit être sain, parfaitement sec, sans défaut et purgé de l'aubier.

Tourillons. — On diminue la quantité de travail perdu par le frottement en diminuant leur diamètre, il est donc convenable de les faire en fer forgé. Quand l'arbre est en fonte, la difficulté qu'on éprouve de les assembler solidement avec lui oblige toutefois à le couler avec ses tourillons.

Bras. — Les bras se font en bois ou en fonte, et quelquefois en fer forgé ; le bois donne de la légèreté à la roue, et comme l'humidité n'allonge pas sensiblement ses fibres, son emploi ne produit que des poussées transversales qui sont sans influence sur le rayon extérieur de la roue et sur sa forme.

Couronnes. — On sait qu'une des conditions les plus essentielles que doit remplir une machine, c'est d'avoir un mouvement régulier; on sait aussi que les masses rotatives ont une grande influence sur la régularisation du mouvement et que cette influence augmente avec leur moment d'inertie. Il sera donc avantageux, sous ce point de vue, d'augmenter la masse des roues hydrauliques; mais l'accroissement du poids entraînant un accroissement de travail perdu par le frottement des tourillons, il faut, tout en augmentant le moment d'inertie, faire en sorte que la roue pèse le moins possible. On atteindra ce but en employant les matériaux les plus légers, c'est-à-dire le bois, pour les bras et l'arbre, tandis que la couronne sera métallique.

Cette prescription sera d'autant plus nécessaire que la roue aura une vitesse plus faible, car le moment d'inertie d'une masse relative diminue avec sa vitesse.

Enfin les couronnes en bois se gonflent par suite d'un séjour prolongé dans l'eau pendant les temps de chômage et prennent *du pesant.*

Il y a toutefois un cas exceptionnel à signaler; pour des roues à allures vives, comme les roues Poncelet, qui ont un grand rayon ($1^m,50$ à $2^m,00$), il vaut mieux les construire entièrement en bois, pour ne pas charger les tourillons; leur grande vitesse régularise suffisamment le mouvement.

Vannes et fausses vannes. — Les vannes et fausses vannes peuvent être faites en bois ou en fonte; le bois doit être préféré à cause de la difficulté d'obtenir dans le coulage des plaques minces d'une certaine largeur qui ne soient pas voilées.

Quant aux crémaillères, pignons, supports, ils seront en fonte.

Je vais indiquer maintenant les formes à donner à ces divers éléments et les modes de réunion qu'il sera bon d'employer.

69. Forme des arbres des roues. Leur construction. — Les arbres en bois sont ronds ou polygonaux, à 6, 8, 12 ou 16 pans. Quand le diamètre à leur donner n'excède pas l'équarrissage que l'on rencontre ordinairement, on fait l'arbre d'une seule pièce ; dans le cas contraire on le compose de deux ou de quatre parties.

La figure 33 (Pl. III) montre l'assemblage adopté pour un arbre à 8 pans ; il est composé de quatre pièces équarries à vive arête et bien dressées, dans lesquelles on a pratiqué de distance en distance des mortaises pour y loger des goujons en bois; enfin on les rend solidaires au moyen de plate-bandes A, B, C, D en fer forgé, percées de trous et posées à chaud à hauteur de chaque système de goujons ; des clous seront chassés dans ces trous et on refroidira brusquement.

Il faudra encore avoir soin de mastiquer les joints dans toute la longueur de l'arbre et de le couvrir de plusieurs couches de peinture à l'huile.

Quand l'arbre est rond , au lieu de plate-bandes, on réunit ses diverses parties à l'aide de cercles en fer ou *frettes* également posées à chaud. En prenant ces précautions , un arbre composé de plusieurs pièces rendra les mêmes services qu'un arbre de même diamètre en une seule pièce (Pl. III, Fig. 34).

Les arbres en fonte sont coulés pleins ou creux, les derniers doivent être préférés à cause du peu d'homogénéité que présentent en général les arbres pleins.

Quand les arbres sont pleins, ils portent le plus souvent leurs tourillons venus à la fonte du même jet ; de plus, quand ils sont très-longs on les arme de nervures longitudinales afin d'empêcher toute flexion. Ces nervures sont tracées suivant la figure du solide d'égale résistance et elles se raccordent aux deux extrémités avec deux cylindres A et A' destinés à faciliter l'assemblage des bras (Pl. III, Fig. 35). Les arbres creux sont composés ordinairement de plusieurs pièces ; le mode suivant peut être employé pour les assembler (Pl. III, Fig. 36). Chacun des éléments à réunir porte des brides A et A' soutenues par des consoles B et B', l'un d'eux porte toutefois un

15

rebord saillant *b, b'* destiné à renforcer l'assemblage et à assurer la correspondance des axes des deux parties ; des boulons servent à relier les deux brides.

70. FORME DES TOURILLONS. TOURILLONNAGE DES ARBRES. — Les tourillons sont en fonte ou en fer. Les tourillons en fonte sont de diverses formes, on distingue généralement :

1° Les tourillons à ailettes ;

2° Les tourillons à manchons ;

3° Les tourillons à brides ;

4° Les tourillons à brides et à manchons.

Les tourillons à ailettes sont les plus communs ; ils se composent d'un tourillon A de forme cylindrique, d'un corps de tourillon B, prisme à base carrée et de trois ou quatre ailettes C longues, comme le corps du tourillon, de $0^m,40$ à $0^m,60$, et un peu plus épaisses dans la partie la plus éloignée du tourillon, afin de rendre le calage plus facile (Pl. III, Fig. 37 et 37 *bis*). Pour tourillonner un arbre en bois, on dressera tout d'abord la face *ab* de son extrémité bien normalement à l'axe (Pl. III, Fig. 38 et 39), on tracera ensuite deux diamètres perpendiculaires *mn, pq* ; à droite et à gauche de *mn* et *pq* on prendra des largeurs égales à la demi-épaisseur des ailettes augmentée de deux centimètres, on fera à la scie les entailles *cdef, ghlk* où se logeront les ailettes, on découpera ensuite le vide prismatique correspondant au corps du tourillon.

Cela fait, le tourillon sera introduit dans l'arbre de manière que son axe corresponde aussi exactement que possible avec celui de l'arbre et sera calé avec des coins en bois. On placera ensuite des frettes à chaud que l'on refroidira brusquement, enfin on lardera la face *ab* de coins en fer chassés avec précaution (Pl. III, Fig. 39).

Cette espèce de tourillons a le défaut d'affaiblir l'arbre, d'obliger à le renforcer par un grand nombre de frettes et elle facilite sa corruption lorsqu'il est exposé à recevoir l'eau ; enfin s'il vient à se casser il est difficile de le remplacer.

Les tourillons à manchons sont préférables quoique peu

employés ; ils se composent d'un tourillon portant un manchon à six, à huit ou à dix faces, qui embrasse l'arbre extérieurement et le consolide au lieu de l'affaiblir ; une clavette qui traverse le manchon et l'arbre empêche le premier de se mouvoir dans le sens de l'axe, enfin pour empêcher le manchon de tourner sur l'arbre on remplit le vide qui existe entre eux par un fort calage en bois lardé de coins de fer.

Les tourillons à brides (Pl. IV, Fig. 40) s'emploient pour les arbres creux en fonte. La figure indique clairement leur forme et le mode de réunion adopté. Le bout de l'arbre porte une bride B consolidée par des consoles C et le tourillon un disque à bride avec saillie intérieure tournée au calibre de l'arbre creux. Les deux brides sont réunies à l'aide de boulons ; mais afin que ceux-ci ne puissent être rompus par un effet de torsion, on pratique des entailles dans les brides et on y chasse des clefs en fer forgé un peu plus larges que les entailles ; dès lors les clefs supportent l'effort de torsion et les boulons celui de traction.

Les tourillons à brides (Pl. IV, Fig. 41) peuvent être adaptés aux arbres en bois quand on prend la précaution de revêtir leur extrémité d'un manchon M fortement calé sur eux ; dans ce cas, le tourillon à bride sera fixé à la bride du manchon M.

Enfin on emploie encore dans les constructions des tourillons en fer forgé, la figure 42 (Pl. IV) montre leur forme particulière, ils se composent d'un tourillon A, d'un corps de tourillon B et d'un talon C.

Pour fixer ces tourillons, on pratique dans l'arbre une entaille *abcd*, on y place le tourillon puis au-dessus une pièce de bois *aefgh*, on frette à chaud et on larde la face extérieure de coins en fer.

Il est bien clair que les tourillons doivent être tournés avec le plus grand soin et même, si la chose est possible, après qu'ils sont ajustés sur l'arbre. Je ne me suis occupé que des tourillons pour arbres en bois ou arbres métalliques creux, car pour les arbres pleins en fonte ou en fer les tourillons sont toujours de la même pièce qu'eux.

71. Forme des bras. Leur réunion avec l'arbre. — Les bras en bois ont une section rectangulaire, l'épaisseur du solide comptée dans le plan perpendiculaire au mouvement est constante, tandis que le profil considéré dans le plan du mouvement est formé par deux lignes droites convergentes vers la couronne, la dimension transversale ab, à l'extrémité des bras, est les $\dfrac{4}{5}$ de cd qui a été calculée pour l'origine, et l'épaisseur constante ef est les $\dfrac{5}{7}$ de cd (Pl. IV, Fig. 43).

Anciennement, pour assembler les bras avec les arbres des roues hydrauliques, on pratiquait dans ceux-ci des mortaises les traversant de part en part, dans lesquelles on plaçait et on calait les bras. Ce procédé affaiblissait beaucoup l'arbre et obligeait de lui donner de très-fortes dimensions, il en résultait donc de grands frais d'installation, une énorme perte de travail due au frottement des tourillons ; enfin, l'eau venant toujours s'infiltrer dans l'intérieur des mortaises, l'arbre se pourrissait bien vite.

Aujourd'hui, on aime mieux faire embrasser l'arbre par les bras ou les réunir à l'aide d'un manchon en fonte.

La figure 44 (Pl. IV) montre le premier mode de réunion ; quatre pièces de bois assemblées deux à deux à mi-bois forment les huit bras d'une roue, des bandes de fer maintiennent de chaque côté l'assemblage des bras auxquels des boulons les relient, enfin un calage en bois, de 0,06 au moins d'épaisseur réunit le système de bras à l'arbre.

La figure 45 (Pl. IV) montre la forme que doit avoir un bras B (considéré dans le plan du mouvement) pour que chacun des huit bras intercepte sur la circonférence des arcs égaux. Afin de ne point perdre une quantité notable de bois, en taillant ce bras B dans une pièce DE, on devra choisir des pièces de bois ayant la courbure convenable, ou les courber soit au feu soit à la vapeur.

Cette disposition s'applique assez facilement aux roues à couronnes (roues Poncelet, roues à augets), mais la direction

oblique des bras gênerait le placement des bracons dans les
roues à jantes (anciennes roues en dessous, roues de côté).
Dans ce dernier cas, et quand les roues ont un grand diamètre,
il vaut mieux employer le manchon d'assemblage représenté
par la figure 46 (Pl. IV).

Il se compose d'un plateau circulaire d'une épaisseur de 5 à
10 centimètres, portant sur l'une de ses faces des nervures ab,
$a'b'$, d'une épaisseur de 0,02 environ, formant autant d'encastrements en queue d'hyronde qu'il y a de bras. La longueur
d'encastrement des bras est de 0,25 à 0,30 ; ils sont retenus,
ainsi que le montre la figure, par des étriers en fer boulonnés
sur le plateau.

La seconde face du plateau (Pl. IV, Fig. 47) porte des nervures correspondantes aux axes des encastrements de la première. Enfin le plateau est coulé avec un cylindre de 0,08 à
0,12 d'épaisseur, qui est destiné à asseoir l'appareil sur l'arbre,
Entre la surface intérieure polygonale de ce cylindre et l'arbre,
on placera une ceinture de coins en bois d'une épaisseur de
7 à 8 centimètres (Fig. 48).

Quand les roues ne transmettent pas de grands efforts et
que leur diamètre ne dépasse pas $3^m,00$, on peut se contenter
d'engager les bras dans des mortaises pratiquées dans l'arbre
et de consolider l'assemblage par un manchon beaucoup plus
simple représenté par les figures 49 et 50 (Pl. IV) ; le boulon
bb a pour but d'empêcher le manchon de glisser le long de
l'arbre, et le vide compris entre le manchon et les bras contient un système de calage analogue au précédent.

72. Bras en fonte. Leur réunion avec l'arbre. — Les bras
en fonte ont ordinairement la forme indiquée dans les figures 51
et 52 (Pl. IV), leur profil est rectiligne dans le plan du mouvement et on les renforce par une nervure parabolique saillante
vers l'extérieur de la roue.

La largeur ab résulte des conditions de résistance (on verra
plus loin comment elle se détermine) ; $cd = \frac{4}{5} ab$, enfin

$$b = b' \qquad a = a' \qquad a = \frac{1}{5} \, b \, ;$$

à l'extrémité du bras est une patte *ef* qui, ainsi qu'on le verra plus loin, sert à le fixer à la couronne.

On emploie en général trois procédés pour réunir les arbres en fonte avec les bras en fonte :

1° Quand le rayon de la roue ne dépasse pas $1^m,80$, on peut couler chaque système de bras d'un seul jet ;

2° D'autres fois on coulera chaque système de bras en deux parties qu'on réunira suivant l'axe d'un bras à l'aide de boulons ainsi que le montre la figure 55 (Pl. IV).

Dans ces deux cas les bras sont coulés avec un moyeu cylindrique qui remplace le manchon, ce moyeu porte trois rainures que l'on place vis-à-vis trois autres rainures correspondantes pratiquées dans l'arbre, et l'on chasse dans le vide ainsi formé trois clefs de calage en fer pour assurer la solidarité de l'arbre et des bras.

3° Si la roue a un très-grand diamètre, on ne peut obtenir un système de bras d'un seul ou de deux jets ; on doit alors employer le procédé indiqué pour les bras en bois, c'est-à-dire les fixer à un manchon d'assemblage en remplaçant les étriers par des boulons. Ce mode de réunion est du reste le meilleur, parce que si un bras vient à se briser on n'a qu'un bras à changer au lieu d'avoir à désassembler la roue tout entière.

73. Bras en fer forgé. Leur réunion avec l'arbre. — Les bras en fer forgé (Pl. IV, Fig. 54) sont peu employés ; ils sont en fer plat d'épaisseur uniforme, terminés d'un côté par une patte rectangulaire destinée à les assembler avec la couronne, et de l'autre par une patte trapézoïdale se logeant dans le vide du manchon d'assemblage placé sur l'arbre.

On réunit par des boulons *b* à double écrou les bras homologues des divers systèmes et par des tiges *t* et *t'* en fer plat les bras successifs d'un même système.

Ce dispositif a été employé avec succès dans la roue à aubes courbes de Guérigny.

74. Construction et assemblage des couronnes en bois des roues a aubes courbes. — Dans les roues Poncelet et en dessus, enfin dans certaines roues de côté, les palettes et augets qui reçoivent l'action motrice de l'eau sont placées entre des couronnes verticales soutenues par les bras.

Ces couronnes sont en bois ou en fonte.

Les couronnes en bois sont composées d'autant de pièces circulaires qu'il y a de bras dans chaque système. Ces pièces sont coupées dans des plateaux de $0^m,10$ à $0^m,12$, quand les couronnes sont d'une seule épaisseur; mais il vaut toujours mieux les faire de deux épaisseurs en superposant à joints croisés des madriers de $0,03$ à $0,06$ d'épaisseur que l'on réunit au moyen de vis à bois.

On assemble les diverses portions circulaires soit à tenon simple, soit à tenon en croix, soit à trait de Jupiter.

Ces assemblages sont représentés dans les figures 55, 56 et 57 (Pl. IV); le second est le meilleur, quoique le plus compliqué, parce qu'il s'oppose parfaitement aux effets de la force centrifuge. Le troisième est également très-bon ; on consolide l'assemblage en recouvrant de chaque côté les joints avec des bandes de fer plat que l'on boulonne ainsi que cela est indiqué sur la figure 57.

75. Construction des aubes courbes en bois. — Les aubes en bois des roues Poncelet sont encastrées dans les couronnes, elles sont en chêne et leur épaisseur varie de $0^m,020$ à $0^m,030$, suivant la largeur de la roue. On doit considérer $1^m,40$ comme la portée maximum d'une aube de cette dimension ; par suite, si la largeur de la roue dépasse $1^m,40$ il faut placer des couronnes intermédiaires. On pourrait, à la vérité, employer pour les aubes des bois plus épais et supprimer les couronnes intermédiaires, mais alors la veine fluide serait coupée, il en résulterait des chocs et une diminution sensible de force motrice. Les couronnes intermédiaires seront soutenues chacune par un système de bras ou reposeront sur des traverses fixées aux bras extrêmes ; en tout cas toutes les couronnes seront reliées deux à deux par des boulons pour assurer l'invariabilité de la forme de la roue. Les rainures pratiquées dans les couronnes, pour recevoir les aubes courbes, auront une profondeur égale à leur largeur et seront faites à l'aide d'un rabot courbe à deux fers connu sous le nom de *guillaume*.

Le bois du rabot a la courbure du cercle avec lequel sont tracées les aubes, le premier fer a latéralement deux petits triangles tranchants, le second est à tranchant horizontal, enfin ils ont tous deux une largeur égale à celle de la rainure à pratiquer (Pl. IV, Fig. 58 et 59).

Pour la faire, le charpentier trace d'abord les aubes sur le plateau intérieur de la couronne, règle la saillie des fers, place sur la couronne une planchette découpée elle-même suivant la courbure des aubes afin de diriger le guillaume et arrive à creuser la rainure avec une grande régularité en quelques minutes (Pl. IV, Fig. 58, 59 ; Pl. V, Fig. 60 et 61).

Les aubes courbes sont composées de douves cylindriques ayant leurs joints dirigés vers le centre du cercle dont elles constituent un arc, et les boulons qui réunissent les couronnes doivent être placés tangentiellement sur leur revers, afin de ne pas couper la veine liquide.

76. CONSTRUCTION DES COURONNES EN BOIS DES ROUES A AUGETS. — Dans les roues à augets, les deux plateaux formant la couronne n'ont pas la même hauteur ; le plateau extérieur dépasse, du côté du centre de la roue, le plateau intérieur afin de recevoir l'about des planches A formant la fonçure qui suit. Ces planches sont soutenues par un cercle *c* en fer feuillard fixé aux plateaux par des vis (Pl. V, Fig. 62). D'autres fois la fonçure repose sur un tasseau annulaire en bois T fixé au plateau extérieur (Pl. V, Fig. 63).

Quelle que soit la méthode adoptée pour la construction de la roue, les augets sont fixés aux couronnes, tantôt à l'aide de rainures, tantôt à l'aide de liteaux. L'assemblage à rainures offre plus de solidité et de durée et est entièrement analogue à celui des roues Poncelet ; les liteaux en bois ont de plus le désagrément de diminuer la capacité intérieure des augets.

Sur les faces internes des couronnes, on trace les augets avec leur épaisseur de $0^m,025$; cela fait, on visse des liteaux t, ou bien on pratique des rainures de manière à avoir une profondeur à peu près égale à l'épaisseur de l'auget, puis on place les faces de l'auget A que l'on réunit par de fausses équerres en forte tôle clouées sur le côté extérieur de leur angle (Pl. V, Fig. 64). Quelquefois on adopte pour la réunion du fond et du rebord de l'auget le dispositif représenté figure 65 (Pl. V). Le premier vaut mieux parce que le fond contre lequel s'exerce la poussée de l'eau est mieux soutenu.

Des boulons a, disposés comme il a été dit précédemment pour les roues Poncelet, empêchent l'écartement des couronnes. Enfin les fonçures doivent laisser entre elles une fente de $0^m,05$ pour le passage de l'air.

77. Couronnes en fonte pour roues Poncelet et a augets. — Les couronnes en fonte se composent d'un nombre de pièces égal à celui des bras, leur épaisseur varie de 0,027 à 0,032, on les coule avec des nervures ab de 0,04 à 0,06 d'épaisseur ainsi que de hauteur, qui ont du reste la forme des aubes ou des augets (Pl. V, Fig. 66). Dans le cas des roues à augets, les couronnes doivent porter vers l'intérieur une nervure circulaire continue nn sur laquelle reposent les fonçures (Pl. V, Fig. 67).

Pour réunir les divers segments de la couronne, on leur donne la forme indiquée dans la figure 68 (Pl. V), la partie droite d d'un segment est boulonnée avec le coude abc présenté par le segment suivant. Quelquefois, chaque segment porte à ses extrémités des oreilles que l'on réunit à l'aide de boulons.

Dans le but de diminuer le poids des couronnes, on y pratique souvent des évidements ABC qu'on recouvre ensuite de feuilles de tôle $ff'gg'$ encastrées entre des moulures saillantes sur la face extérieure et fixées par des rivets (Pl. V, Fig. 69). Cette disposition n'est bonne que pour les roues à grande vitesse, c'est-à-dire, pour les roues à aubes courbes. On rencontre encore dans quelques usines une disposition particulière servant à réunir les aubes courbes ou les augets aux couronnes ; elle est avantageuse quand la roue sert de moteur dans une usine où le travail développe des réactions brusques et puissantes ; voici en quoi elle consiste : les joues sont coulées avec des nervures ab, $a'b'$; contre l'une d'elles ab, on applique l'aube courbe en tôle et on remplit l'espace compris entre les deux nervures par deux rangs de prismes d, d', en bois de chêne, que l'on serre ensuite par des coins en fer e. Ce calage est maintenu du reste par les nervures ff' et $bb'g$ vers les circonférences intérieure et extérieure (Pl. V, Fig. 70, 71).

Les aubes courbes en tôle sont cintrées à une température peu élevée sur une machine spéciale représentée figure 72 (Pl. V).

Sur un bâtis solide est attachée une surface cylindrique A, en bois ou en fonte, présentant la courbure que l'on veut donner à l'aube ; la feuille de tôle est fixée par des agrafes m à la partie supérieure de A, un levier mobile autour du centre O de la surface cylindrique A porte un rouleau qui force dans la descente du levier la feuille f à s'appliquer sur A.

Il faut remarquer toutefois que le cylindre A doit avoir une courbure un peu plus prononcée que celle que l'on veut donner à l'aube, celle-ci se redressant un peu après l'opération par suite de son élasticité ; son rayon devra être plus petit d'un cinquième que celui de l'aube.

78. Réunion des bras et des couronnes en bois. — Les couronnes contenant dans leur intérieur des aubes courbes ou des augets, les bras doivent venir s'assembler à l'extérieur. Si la couronne est formée d'une seule épaisseur de madriers, on adoptera l'assemblage représenté figure 75 (Pl. V), il sera fait entre deux joints de segments. Le bout du bras sera entaillé de sa demi-épaisseur et s'encastrera dans la couronne de 0,02.

Si la couronne est formée de deux épaisseurs, le même assemblage servira encore, mais il recouvrira un joint du segment extérieur (Pl. V, Fig. 74).

Enfin si la roue est à augets et qu'elle doive tourner dans un coursier circulaire, les bras devant affleurer la couronne, chaque bras sera terminé par une queue d'hyronde à crémaillère, qui s'assemblera à mi-bois avec deux ou trois boulons dans la face extérieure de la couronne.

Nous avons vu que dans certains cas il était nécessaire d'avoir des couronnes intermédiaires ; il est clair qu'il faut alors employer un assemblage tout à fait différent des précédents. Si la couronne est d'une seule épaisseur, on emploiera l'assemblage à tenon, représenté figure 75 (Pl. V), mais s'il y a deux épaisseurs le tenon du bras aura la hauteur de la couronne et aura une forme pyramidale (Pl. V, Fig. 76).

Assemblage des bras avec couronnes en fonte. — Lorsque la hauteur des couronnes en fonte ne sera pas inférieure à 0,45, on les coulera avec des nervures extérieures formant des encastrements en queue d'hyronde dans lesquels se placeront les extrémités des bras que l'on retiendra par des étriers en fer boulonnés sur les couronnes ; la figure 77 (Pl. V) indique les dimensions à adopter.

Si la hauteur de la couronne est inférieure à 0,45, les nervures se prolongeront vers le centre de la roue, *ab* laissant toujours un intervalle de 0,15 jusqu'à la circonférence extérieure, et *bc* étant égal à 0,30 ; dans ce cas, le bras sera réuni à la couronne par un seul boulon ; figure 78 (Pl. V).

Quelque soit le mode de réunion, la queue d'hyronde sera enveloppée d'un calage en bois.

79. Construction des jantes en bois des roues en dessous et de côté a palettes planes. — Les palettes planes des anciennes roues en dessous et des roues de côté sont portées par des bracons fixés sur des jantes dont nous allons examiner la construction.

Ces jantes sont en bois de chêne, leur section est un carré de 0,12 à 0,16 de côté, suivant la force de la roue. Leurs segments, en nombre égal à celui des bras, sont réunis comme ceux des couronnes des roues Poncelet. La figure 79 (Pl. V) montre l'assemblage qui paraît le plus usité; il a déjà été décrit.

Les jantes portent des mortaises convergentes vers le centre de la roue, dans ces mortaises passent les tenons des bracons dont la forme et les dimensions sont indiquées par la figure 80.

La longueur des bracons seule n'est pas indiquée, on la règle par la condition que les palettes dépassent leur tête de 0,020.

80. **PALETTES PLANES EN BOIS ET FONÇURES.** — Enfin les palettes en chêne, d'une épaisseur de 0,025 environ, sont fixées sur les bracons par deux boulons de 0,010 de diamètre avec rosettes.

Dans les roues de côté les jantes supportent encore les fonçures qui sont fixées sur elles par un boulon placé entre chaque bracon; elles doivent laisser entre elles une fente de 0,05 pour le passage de l'air; la figure 81 (Pl. V) indique du reste la disposition à adopter.

81. **RÉUNION DES BRAS AVEC LES JANTES EN BOIS.** — Le plus souvent le bras s'engage dans la jante par un tenon du tiers de son épaisseur et ayant au moins une hauteur égale à la demi-épaisseur de la jante. L'assemblage est maintenu à l'aide d'un étrier cloué ou boulonné ainsi que le représente la figure 82 (Pl. V).

Cette disposition a toutefois l'inconvénient de gêner très-souvent pour l'emplacement des bracons, aussi on emploie avec avantage le mode de réunion suivant :

Le bout du bras est coupé à épaulement d'un côté et on donne à ce bout une section en queue d'hyronde ; il pénètre dans une entaille de 0,015 pratiquée dans la jante ; le tout est consolidé par des boulons.

La figure 83 (Pl. V) représente cet assemblage en supposant la jante formée de deux épaisseurs de madriers.

82. Construction des jantes métalliques pour roues de côté à palettes planes. — Les anciennes roues en dessous sont toujours en bois, leur faible rendement exige naturellement qu'on apporte la plus stricte économie dans leur construction ; aussi je ne m'occuperai que de jantes métalliques destinées à des roues de côté.

Elles sont en fonte et se composent d'une série de boîtes $abcd$, $a'b'c'd'$ dont les côtés ab, $a'b'$... cd, $c'd'$... convergent vers le centre ; ces boîtes existent des deux côtés de la jante ainsi que le montre le plan (Pl. V, Fig. 84, 85), et sont reliées entre elles par une plaque mince nn' et par le cercle supérieur de la jante ; ces boîtes servent à placer les bras ; des mortaises ef, $e'f'$ permettent d'introduire le tenon des bracons exactement comme dans le cas des jantes en bois.

Les jantes sont composées d'autant de pièces qu'il y a de bras et sont réunies ainsi que le montre la figure 86 (Pl. V) par un boulon placé dans l'intérieur des boîtes. Enfin les fonçures sont fixées comme le montre la figure 84 (Pl. V) à l'aide d'un boulon k. Quant aux dimensions, on pourra adopter les données suivantes :

$$bd = eg = 0,12 \text{ à } 0,16 \text{ suivant la force de la roue} ;$$

le bracon étant en bois, on suivra les dimensions indiquées précédemment ainsi que pour les palettes, et on prendra $bg = gf$.

83. Considérations fixant le nombre des jantes et couronnes intermédiaires. — **Comment on peut les éviter dans certains cas.** — Nous avons dit précédemment que les palettes et augets en bois ne pouvaient avoir que 1,40 de portée; quand on les fait en tôle de 0,003 à 0,005 d'épaisseur, il convient de ne leur donner qu'un mètre de portée; il suit de là que dans la plupart des cas on sera contraint de les supporter par des jantes ou des couronnes intermédiaires.

Pour éviter le poids énorme qui peut résulter de l'emploi de ces couronnes, la perte d'effet utile et la dépense qui en sont la conséquence, on peut recourir aux procédés suivants :

1° Pour les roues à aubes courbes et à augets, on rendra les aubes et les augets solidaires par un système de boulons légers disposés dans un plan vertical équidistants des joues et dirigés suivant les plus courtes distances des aubes et des augets (Pl. V, Fig. 87).

2° Pour les roues de côté on placera entre chaque couple de palettes un châssis en fonte composé de trois plaques minces ab, bd, dc réunies à leur partie supérieure par une traverse ef; ce châssis sera boulonné sur les palettes et sur les fonçures comme le représente la figure 88 (Pl. V), les faces ab auront dans le sens de l'axe une largeur de 0,12, leur épaisseur sera de 0,005, enfin la traverse aura 0,005 sur 0,010.

Tels sont les préceptes les plus généraux que l'on puisse donner sur la construction de détail des roues hydrauliques verticales. On trouvera, en visitant les usines de la France et des puissances étrangères, bien des dispositions différentes de celles que j'ai indiquées; mais mon but a été de rapporter ici les plus simples, susceptibles de bons résultats et non pas de décrire toutes celles qui pourraient être employées; elles varient à l'infini avec le caprice de l'ingénieur et les ressources des localités.

CHAPITRE VII.

RECHERCHES DES PRESSIONS SUPPORTÉES PAR LES BRAS, ARBRES
ET TOURILLONS DES ROUES HYDRAULIQUES ET DÉTER-
MINATION DE LEURS DIMENSIONS.

84. RECHERCHES DES PRESSIONS SUPPORTÉES PAR LES BRAS. —
Le chapitre précédent, en indiquant la forme générale des
bras, a laissé indéterminées leurs dimensions absolues, il reste
maintenant à faire voir comment on les connaîtra.

Si C est le poids de la couronne, n le nombre de systèmes
de bras et N le nombre de bras dans un système, chaque
bras supportera une charge $\dfrac{C}{nN}$; de plus, l'effort P de l'eau,
agissant successivement sur les bras homologues des divers
systèmes, on admettra, dans l'ignorance où l'on est de la loi
des transmissions des forces, que ces bras supportent seuls
cette pression, dès lors un bras aura à résister à une charge
qui sera approximativement $\dfrac{C}{nN} + \dfrac{P}{N}$ en négligeant l'influence
du poids des bras.

85. NOMBRE DES BRAS. LEURS DIMENSIONS. — Le chapitre
précédent a montré comment on calculait le nombre de systèmes de bras, quant au nombre de bras dans un même
système, il est réglé par le tableau suivant fondé sur l'expérience.

Pour des roues dont les rayons sont :

$$\text{de } 1{,}50 \text{ à } 2{,}50, \quad \text{de } 2{,}50 \text{ à } 5, \quad \text{de } 5 \text{ à } 6$$
$$N = \qquad 6, \qquad\qquad 8, \qquad\qquad 10.$$

Une fois N et n connus, C se trouve en calculant le poids des jantes, couronnes, palettes, etc., P en divisant Pv par v et il faut appliquer les formules qui font connaître les dimensions à donner à un solide encastré en un point (dans le manchon) et chargé à l'autre extrémité d'un poids

$$\frac{C}{nN} + \frac{P}{n} = E.$$

Ces formules sont :

$$b^3 = \frac{Ec}{71430} \text{ pour les bras en bois}$$

$$b^3 = \frac{Ec}{500000} \text{ pour les bras en fonte,}$$

en supposant bien entendu qu'ils aient les formes indiquées dans le chapitre précédent.

L'emploi de ces formules suppose le bras de levier c connu et comme il ne l'est réellement que quand l'arbre est déterminé, on admettra comme point de départ pour les arbres des diamètres de 0,40 et 0,15 suivant qu'ils seront en bois ou en fonte, sauf à vérifier plus tard ces dimensions et recommencer les calculs si elles sont trop erronées.

86. CHARGE DES ARBRES. LEURS DIMENSIONS. — La charge qui tend à faire fléchir les arbres qui sont des solides chargés entre deux points d'appui, se compose du poids C de la couronne, du poids C' des bras, de son poids propre C'' et de la pression P dans les roues de côté et en dessus ; dans les roues en dessous P étant horizontale, cette charge devient :

$$\sqrt{P^2 + (C + C' + C'')^2}.$$

Mais les arbres ont deux espèces d'efforts à supporter, l'un de flexion, l'autre de torsion; on devra donc calculer le diamètre qui leur est nécessaire pour résister à chacun de ces efforts et leur donner le plus grand des deux.

Occupons-nous d'abord de l'effort de flexion.

87. CAS D'UN ARBRE EN BOIS, EN FONTE OU EN FER A SECTION CIRCULAIRE OU POLYGONALE. — Le tableau suivant fixe le diamètre d en fonction de la charge F.

Pour arbres en fonte......
$$d^3 = \frac{Fll'}{368000\,c}$$

Id.   en fer forgé...
$$d^3 = \frac{Fll'}{295000\,c}$$

Id.   en bois de sapin ou de chêne.
$$d^3 = \frac{Fll'}{295000\,c}$$

La charge agissant à des distances l et l' des points d'appui écartés d'une longueur $2\,c$.

88. CAS D'UN ARBRE CARRÉ PLEIN, RENFORCÉ PAR DES NERVURES. — Si on adopte un arbre ayant une section carrée renforcée par des nervures, en désignant par d le côté du carré de l'arbre, b la longueur extérieure des nervures, e leur épaisseur ;

Si on fait :

$$e = \frac{1}{3}\,d, \quad b = 3d\,;$$

on calculera d par la formule :

$$d^3 = \frac{Fll'}{1059000\,c}$$

89. CAS D'UN ARBRE CIRCULAIRE PLEIN, RENFORCÉ PAR DES NERVURES. — Si l'arbre était circulaire

$$d^3 = \frac{Fll'}{3885000\,c}.$$

Cette formule servira à déterminer la section du milieu de l'arbre, les parties extrêmes sur lesquelles s'appuyent les couronnes seront déterminées comme précédemment et on les raccordera avec la section centrale par une partie pyramidale et des arrondissements convenables.

90. Dimensions des arbres creux en fonte pour résister aux efforts de flexion. — Reste à examiner le cas d'un arbre cylindrique creux. Si d est le diamètre extérieur et d' le diamètre intérieur, on aura :

$$d^5 - d'^5 = \frac{Fll'}{368000\,c}.$$

Ordinairement on fait $d' = \frac{3}{5}\,d$, ce qui fixe l'épaisseur à $\frac{1}{5}$ du diamètre extérieur ; la formule précédente devient alors :

$$d^5 = \frac{Fll'}{288512\,c}.$$

91. Dimensions des arbres pleins en bois ou fonte pour résister aux efforts de torsion. — La théorie de la résistance des matériaux indique qu'en désignant par E l'effort qui tend à tordre un arbre, r le bras de levier de cet effort, d le diamètre de l'arbre ou du cercle inscrit :

La valeur de d qui permettra au solide de résister à la torsion est donnée pour la formule :

$$d^3 = \frac{Er}{n}\,;$$

$n = 131000$ pour les arbres en fonte ou fer,
$n = \ \ 21819$ pour les arbres en bois.

Ces nombres donneront des arbres forts ; si les matériaux sont de bonne qualité on peut doubler les valeurs de n.

92. Dimensions des arbres creux en fonte pour résister aux efforts de torsion. — On se servira dans le cas d'arbres annulaires, de la formule :

$$\frac{d^4 - d'^4}{d} = \frac{Er}{n},$$

et
$$n = 393000 \text{ pour fer,}$$
$$= 131300 \text{ pour fonte,}$$
$$= 26120 \text{ pour chêne ou sapin.}$$

Comme dans le cas précédent, on pourra doubler ces nombres si les matériaux sont de bonne qualité.

93. DIMENSIONS A DONNER AUX TOURILLONS. — Les tourillons sont, comme les arbres, soumis à deux efforts, l'un de flexion, l'autre de torsion. On devra donc suivre la même méthode, c'est-à-dire, calculer le diamètre nécessaire pour résister séparément à chacun de ces efforts et adopter le plus grand. E étant la charge (provenant du poids de la roue) sur un tourillon et l sa longueur, on calculera son diamètre pour résister à la flexion par la formule :

$$d^3 = \frac{El}{368125} \text{ (pour fonte)};$$

on fait en général $l = d$. Si le tourillon est en fer, le dénominateur sera 294525.

Les formules qui permettent de calculer les dimensions es tourillons pour résister à la torsion sont de la forme :

$$d^3 = \frac{Er}{n}$$

déjà vue au numéro 91 ; E, r et n ont la valeur qui y est indiquée.

CHAPITRE VIII.

CLASSIFICATION DES ROUES A AXE VERTICAL.
ÉTUDE DES ANCIENNES ROUES DE CE GENRE : ROUES A CUILLERS,
ROUES A CUVE, ROUES A RÉACTION.
TURBINES DE MM. PONCELET, FOURNEYRON, FONTAINE-BARON,
GENTILHOMME, CALLON, ETC.

94. CLASSIFICATION DES ROUES A AXE VERTICAL. — Les roues à axe vertical sont très-anciennes, on les employait depuis longtemps dans le midi de la France et en Algérie pour faire mouvoir des moulins, quand leurs avantages de marcher à de très-grandes vitesses, de transmettre directement le mouvement aux meules, de marcher noyées, de tenir peu de place ont attiré l'attention des constructeurs ; quelques auteurs les ont divisé en deux grandes classes :

1° Celles qui reçoivent et laissent échapper l'eau à la même distance de l'axe de rotation ;

2° Celles qui reçoivent et laissent échapper l'eau à des distances différentes de l'axe.

Dans la première classe, nous rangerons : les roues à cuillers, les roues à cuves, la turbine Burdin, la turbine Fontaine-Baron, etc.

Dans la seconde : la turbine Poncelet, la turbine Fourneyron, la roue à réaction, etc.

Mais au lieu de suivre cette classification dans l'étude des roues horizontales, je crois préférable d'examiner les plus anciennes tout d'abord et de suivre l'ordre chronologique de l'apparition des nouvelles, afin de pouvoir constater les efforts de l'esprit humain et les tentatives diverses qui ont amené les progrès réalisés de nos jours.

95. Anciennes roues verticales. Roues verticales a palettes planes. — Les anciennes roues horizontales sont les roues à palettes planes, les roues à cuillers, les roues à cuve et les roues à réaction.

Les roues horizontales à palettes planes se composent d'un arbre vertical terminé par une partie renflée, espèce de moyeu qui reçoit le pivot et dans lequel sont implantées des pièces de bois qui présentent à l'eau une surface oblique. L'eau est amenée par un canal en bois ou par une buse, chaque palette en tournant reçoit l'action de la veine liquide dont les chocs successifs engendrent et entretiennent le mouvement (Pl. V, Fig. 89).

Ces roues sont entièrement en bois ; pour remédier à l'usé du pivot, la crapaudine sur lequel il repose est souvent établie sur un châssis mobile qui peut être relevé à l'aide d'une tige en bois filetée à sa partie supérieure. Il est clair *à priori*, que le choc déterminant seul le mouvement de la roue, son effet utile ne doit pas être grand.

Le calcul va du reste nous le montrer facilement ; l'équation générale des moteurs hydrauliques est :

$$Pv = \frac{1}{2}\,mV^2 + mgh' - \frac{1}{2}\,mU^2 - \frac{1}{2}mW^2.$$

Ici $h' = o$; de plus, en désignant par : α l'angle de la vitesse V avec la palette choquée, β l'angle de la vitesse v du point choqué avec la palette ; la vitesse perdue pour le choc U aura pour valeur :

$$V \sin \alpha - v \sin \beta ;$$

et la vitesse W sera la résultante de v et de $V \cos \alpha + v \cos \beta$ (voir le numéro 11). On aura donc :

$$W = \sqrt{(V \cos \alpha + v \cos \beta)^2 + v^2 - 2v\,(V \cos \alpha + v \cos \beta)\cos \beta},$$

et l'équation donnant l'effet utile de la roue sera :

$$Pv = \begin{cases} \dfrac{1}{2}\, mV^2 - \dfrac{1}{2}\, m\,(V \sin \alpha - v \sin \beta)^2 \\[2mm] -\dfrac{1}{2}\, m\,[(V\cos \alpha + v\cos \beta)^2 + v^2 - 2v(V\cos \alpha + v\cos \beta)\cos \beta] \end{cases}$$

ou en réduisant :

$$Pv = m\,[\,V \sin \alpha - v \sin \beta\,]\,v \sin \beta.$$

On voit d'abord que l'effet utile croit avec l'angle α, il devra donc être égal à 90°; alors :

$$Pv = m\,[\,V - v \sin \beta\,]\,v \sin \beta \qquad\qquad \text{(A)}.$$

Dans cette expression il ne reste plus que v et β de variable, car V est déterminée par des considérations de localité; en la différenciant successivement, par rapport à chacune de ces quantités, on trouve :

$$V - 2v \sin \beta = o.$$

On voit donc que l'angle β reste indéterminé et que pour assurer le maximum d'effet relatif, on a simplement :

$$\alpha = 90°, \qquad v = \frac{V}{2 \sin \beta}.$$

Ces conditions, introduites dans l'équation (A), donnent :

$$Pv = \frac{mV^2}{4}.$$

Ainsi dans ces roues, le maximum d'effet utile théorique est la moitié du travail moteur de l'eau.

L'effet utile pratique n'est guère que les $\dfrac{2}{3}$ de celui qu'indique la théorie.

Si les palettes ont une surface beaucoup plus grande que la section de la veine liquide, au moment où elle entre dans la roue, et si elles sont enfermées entre deux tambours concentriques, on peut admettre, d'après les expériences de M. le général d'artillerie Piobert et de M. Tardy, ancien officier d'artillerie, que l'effet utile pratique est les 0,70 de celui qu'indique la formule précédente et prendre

$$Pv = 0,35 \; \frac{mV^2}{2}.$$

96. **Roues a cuillers.** — Ces roues reçurent une première modification, les palettes furent creusées de manière à présenter à l'eau une forme concave et elles prirent le nom de roues à cuillers. Le rendement ne fut cependant pas beaucoup augmenté, car cette disposition ne détruisait ni le choc à l'entrée ni la perte de forces vives à la sortie de l'eau.

97. **Roues a cuves.** — Les roues à cuillers placées dans une cuve en maçonnerie, et recevant l'eau tangentiellement à leur circonférence par un canal dont le fond est au niveau de leur face supérieure, ont constitué les roues à cuves (Pl. V, Fig. 90).

Le mécanisme est facile à concevoir, le liquide tourbillonne dans la cuve en vertu de sa vitesse, prend un mouvement giratoire, entraîne la roue et s'écoule dans le bief d'aval ; mais une portion notable de l'eau passe entre la cuve et la roue, de plus le mouvement de l'eau dans la cuve détermine des frottements qui ralentissent sa vitesse et ces moteurs n'utilisent en général que le $\frac{4}{15}$ du travail moteur.

98. **Roues a réaction.** — On a aussi employé anciennement des roues à réaction, et il en existe encore dans certaines usines (Pl. V, Fig. 91).

L'eau arrive par un tube A, passe dans les canaux horizontaux qui constituent la roue et s'échappe à leur extremité en sens contraire du mouvement produit en agissant comme dans l'instrument connu sous le nom de *tourniquet hydraulique*.

L'équation générale :

$$Pv = \frac{mV^2}{2} + mgh' - \frac{1}{2}\,mU^2 - \frac{1}{2}\,mW^2 \; ;$$

dans ce cas où $h' = o$ et $U = o$, devient :

$$Pv = \frac{m}{2} V^2 - \frac{1}{2} mW^2$$

$$= mgH - \frac{1}{2} mW^2.$$

L'eau arrive en a avec la vitesse $\sqrt{2gH}$, mais de a en b la force centrifuge tend à l'augmenter ; si ω est la vitesse angulaire de la roue, R son rayon, le travail développé par la force centrifuge est $\frac{m}{2} \omega^2 R^2$, et en désignant par u' la vitesse relative de sortie, le principe des forces vives donnera :

$$\frac{m}{2} \omega^2 R^2 = \frac{m}{2} (u'^2 - 2gH),$$

d'où :

$$u' = \sqrt{2gH + \omega^2 R^2} ;$$

mais le point de sortie ayant, en sens inverse du mouvement de l'eau, une vitesse ωR, la vitesse absolue de l'eau sera :

$$W = \sqrt{2gH + \omega^2 R^2} - \omega R ;$$

et par suite :

$$Pv = mgH - \frac{m (\sqrt{2gH + \omega^2 R^2} - \omega R)^2}{2},$$

équation qui montre que l'effet utile Pv sera d'autant plus près de mgH que $2gH$ sera plus négligeable relativement à ωR ; il faut donc que ωR ou la vitesse de rotation de la roue soit très-grande.

Navier admet que ces roues peuvent utiliser les 0,80 de l'effet théorique, mais aucune expérience digne de confiance n'a été publiée jusqu'à ce jour.

99. TURBINE PONCELET. — M. le général Poncelet a proposé en 1826, une roue horizontale analogue à sa roue verticale à

aubes courbes. L'eau arriverait à la circonférence extérieure sans choc sur des aubes courbes comprises entre deux couronnes horizontales, puis circulant sur les aubes sortirait par la circonférence intérieure avec une vitesse absolue qu'on peut rendre nulle ou au moins très-faible (Pl. VI, Fig. 92).

Soient : ω la vitesse angulaire, R le rayon de la circonférence extérieure, R' le rayon de la circonférence intérieure, V la vitesse d'introduction de l'eau, u' la vitesse de sortie à la circonférence intérieure ; on aura :

$$m \left[(V - \omega R)^2 - u'^2 \right] = m\omega^2 (R^2 - R'^2) ;$$

en supposant les autres tangentes à la circonférence extérieure et en exprimant que la variation de forces vives du liquide est égale au double du travail produit par la force centrifuge. Cette équation donne :

$$u'^2 = V^2 - 2V\omega R + \omega^2 R'^2 , \qquad (1) ;$$

la vitesse W de sortie de l'eau sera la résultante de u' et de $\omega R'$; on aura donc :

$$W^2 = u'^2 + \omega^2 R'^2 - 2u'\omega R' \cos \varphi ,$$

φ étant l'angle de l'aube avec la circonférence intérieure.

L'équation donnant l'effet utile sera, en supposant les aubes tracées de manière à ce que l'eau entre sans choc :

$$Pv = \frac{mV^2}{2} - m \left(\frac{u'^2 + \omega^2 R'^2 - 2u'\omega R' \cos \varphi}{2} \right).$$

H étant la hauteur de chute ; le second nombre ne sera en général maximum que si

$$\cos \varphi = 1 \quad \text{et} \quad u' = \omega R'.$$

Ces deux conditions transportées dans (1) donnent :

$$\omega R = \frac{V}{2}.$$

Nous savons que l'angle φ ne pourra jamais être nul en pratique, il faut, pour que l'eau puisse sortir, que cet angle soit d'environ 30°.

Cette turbine n'a pas été employée en France, M. Poncelet supposait cependant qu'elle rendrait de 0,65 à 0,75 du travail moteur, et je crois que si quelques essais tentés à l'étranger n'ont pas tout à fait vérifié ces nombres, ils ont au moins prouvé que la turbine Poncelet donnait néanmoins de bons résultats.

Passons maintenant aux turbines les plus employées dans les usines civiles et militaires.

100. Turbine Fourneyron. Sa description. — La première turbine qui ait attiré réellement l'attention du monde savant et industriel est celle que M. Fourneyron, ingénieur de mérite et digne élève de M. Burdin, a établie en 1827, aux usines de Pont-sur-l'Ognon; quelques années après il en plaçait de semblables à Dampierre et aux forges de Fraisans.

Les résultats remarquables obtenus par ces machines valurent à leur inventeur un prix de 6000 francs de la Société d'encouragement.

On peut distinguer quatre parties essentielles dans les turbines Fourneyron, ce sont :

1° Le réservoir et son vannage ;

2° Le plateau fixe ;

3° La roue horizontale ou la turbine proprement dite ;

4° Le pivot sur lequel s'appuie la partie mobile de l'appareil.

Examinons successivement chacune de ces parties, l'eau du bief d'amont descend librement (Pl. VI, Fig. 93) dans un réservoir cylindrique A le plus souvent en fonte et quelquefois en bois ou en maçonnerie. Ce réservoir est fermé à sa base, mais il est ouvert latéralement sur tout son pourtour B de manière que l'eau s'écoulerait si une vanne mobile également cylindrique ne pouvait être abaissée jusqu'au plateau fixe C.

La figure montre certains détails qu'il est bon de mentionner ; l'enveloppe D cylindrique qui ferme le réservoir A est boulonnée sur le plancher du bief d'amont ; le vannage mobile se compose 1° d'un cylindre en fonte E sur lequel on fixe, par un cercle de fer et des vis, un cuir recourbé destiné à empêcher les infiltrations de l'eau entre le vannage et l'enveloppe ; 2° de coussinets en bois fixés par des vis au cylindre E dont la forme tend à diminuer la contraction de l'eau.

Le vannage est élevé ou abaissé à l'aide de trois tringles verticales t, munies à leur partie supérieure de filets de vis dans lesquels s'engagent des écrous qu'il suffit de faire tourner ensemble dans le sens convenable.

Quand le vannage est élevé, l'eau s'échappe sur tout le pourtour du réservoir A et pénètre dans une roue horizontale dont on se fera une idée exacte en se représentant une roue Poncelet, placée horizontalement, dont on aurait enlevé les bras afin de l'introduire dans le réservoir ; u e espèce de calotte F relie cette roue à l'arbre central G qui s'élève dans l'intérieur d'un tube creux maintenu dans une position verticale et auquel est fixé le plateau C fermant le réservoir.

Il est clair que l'eau, en sortant du vannage, viendra agir sur les aubes courbes de la roue et leur communiquera un mouvement de rotation qui sera transmis à l'arbre central ; mais dans le but d'éviter une perte de vitesse résultant de ce que l'eau viendrait choquer les aubes de la turbine, M. Fourneyron a placé sur le plateau C des courbes ayant pour objet de diriger l'eau d'une manière convenable à leur sortie du réservoir (Fig. 93 bis).

Le nombre des directrices est généralement double de celui des aubes, les unes partent du noyau et vont jusqu'à la circonférence, les autres plus courtes sont alternées avec les premières ; leur courbure est en sens inverse de celles des aubes, par suite le liquide fera tourner la roue mobile dans le sens indiqué par la flèche.

Une bonne disposition du pivot dans une turbine est fort importante ; à cause de la grande vitesse à laquelle elle marche et de la charge de l'arbre, on doit le tenir constamment graissé pour éviter son usure. M. Fourneyron a adopté une disposition ingénieuse (Pl. VI, Fig. 94) ; dans la crapaudine M est placée la base de forme quelconque d'un pivot cylindrique N ; l'extrémité inférieure de l'arbre central porte un trou de même diamètre au fond duquel est logé un culot O en acier fondu terminé comme le pivot en goutte de suif.

Le pivot est percé d'un trou central qui se recourbe à angle droit et vient communiquer avec un tube en plomb rempli d'huile.

Ce moyen d'entretenir le pivot dans un état continuel de graissage a toutefois un inconvénient ; le trou central est bouché tôt ou tard par la limaille grasse qui provient de l'usé des surfaces frottantes et alors l'huile n'arrive plus.

Dans certaines turbines (Pl. VI, Fig. 93), M. Fourneyron a employé une autre disposition, l'huile arrive par un conduit en plomb sous le pivot dans un espace vide K renfermé dans la crapaudine et monte sur le pivot par une série de saignées latérales, elle humecte ainsi la tête du pivot sur laquelle vient s'appuyer le culot en acier fondu non plus terminé en goutte de suif mais affectant une forme concave emboîtant exactement le pivot.

La crapaudine repose du reste sur un levier qui sert à relever la turbine de quantités assez faibles, mais suffisantes pour son ajustage.

Telle est la turbine Fourneyron, voyons maintenant les propriétés mécaniques de ce moteur.

101. Résultats d'expériences. Avantages et défauts de la turbine Fourneyron. — M. le général d'artillerie Morin a tiré de ses nombreuses expériences au frein les conclusions suivantes :

1° Ces roues sont applicables à toutes les chutes ;

2° Pour les grandes levées de vanne, elles transmettent un effet utile qui est les 0,70 du travail moteur ;

3° Elles peuvent marcher à des vitesses très-éloignées en

plus ou en moins de celle qui correspond à leur maximum d'effet sans que leur effet utile s'éloigne sensiblement de sa valeur maximum ;

4° Elles peuvent fonctionner sous l'eau à des profondeurs de $1^m,00$ à $1^m,50$ sans que leur rendement diminue sensiblement ;

5° Par suite de la propriété précédente, elles utiliseront en tout temps la chute disponible parce qu'on les placera au-dessous des plus basses eaux.

A ces propriétés précieuses elles joignent l'avantage d'occuper peu d'espace, de pouvoir être établie en un point quelconque d'une usine et de marcher à de très-grandes vitesses, ce qui dans beaucoup de cas permet de simplifier les communications de mouvement, enfin la résistance qui arrête la roue est environ 1,50 de celle qui correspond à son maximum d'effet pour une même levée de vanne.

A côté de ces avantages il faut toutefois signaler un grave défaut de la turbine Fourneyron. On a vu que la hauteur de l'ouverture par laquelle l'eau entre dans la roue peut être augmentée ou diminuée à volonté, on règle, dans la pratique, la position de la vanne cylindrique suivant la plus ou moins grande quantité d'eau que l'on peut dépenser ; il résulte de là que la nappe liquide qui sort du réservoir ne remplit pas toujours la roue dans toute sa hauteur et comme la partie supérieure de l'espace compris entre deux aubes ne reste pas vide mais au contraire remplie d'eau ayant une vitesse différente de celle qui arrive, il se produit des remous qui occasionnent une perte d'effet utile.

Pour remédier à cet inconvénient d'autant plus grave qu'il se produit à l'époque des basses eaux, au moment où l'on aurait besoin d'utiliser la faible force dont on dispose, M. Fourneyron a divisé la roue en plusieurs compartiments au moyen de cloisons horizontales. Mais cette disposition n'est avantageuse que lorsque la vanne est levée juste à la hauteur de l'un des compartiments.

L'expérience a montré encore que la dépense croit

avec la vitesse de la roue ; ce fait est une conséquence de l'action de la force centrifuge ; mais il n'est bien sensible que pour les grandes vitesses et les petites levées de vannes.

102. Turbine Callon. — M. Callon, pour remédier au même défaut, a remplacé la vanne unique de M. Fourneyron par une série de vannes réparties sur tout le pourtour du réservoir cylindrique ; il est clair alors, que pour diminuer la quantité d'eau qui entre dans la roue sans' modifier l'épaisseur de la veine, il suffit de fermer quelques-unes de ces vannes prises symétriquement par rapport à l'axe et d'ouvrir entièrement les autres.

Cette disposition ne fait toutefois que déplacer la difficulté, la roue passe alternativement devant des vannes ouvertes et devant des vannes fermées, dès lors quand l'intervalle de deux aubes arrive devant une vanne fermée, l'eau qui y est contenue et qui est animée d'une grande vitesse, n'est plus tout d'un coup soumise à aucune pression, il en résulte donc une diminution brusque dans sa vitesse et une perte de travail.

103. Turbine de M. Gentilhomme. — Un autre ingénieur, M. Gentilhomme, a construit une turbine qui diffère de celle de M. Fourneyron par la disposition des directrices et du pivot et par la construction du vannage.

Les directrices ne se prolongent pas jusqu'à l'arbre creux, mais seulement jusqu'à une cloison cylindrique concentrique à cet arbre qui sert à emboîter le vannage dont il est l'inventeur. Au lieu d'une vanne cylindrique et verticale, M. Gentilhomme emploie deux plaques métalliques de peu d'épaisseur qui glissent sur les canaux directeurs qu'ils découvrent plus ou moins suivant les besoins de l'usine ou l'abondance de l'eau, ces plaques concentriques à la roue sont dentées en crémaillères sur leur bord extérieur et elles engrènent avec des pignons dont les axes s'élèvent au-dessus du plancher.

Cette courte description montre que l'eau est introduite dans un certain nombre de canaux directeurs qui ne donnent chacun de l'eau que dans un certain nombre d'aubes à la fois, mais successivement dans toutes en les remplissant quand elles passent devant leur ouverture, et que ce mode de vannage ferme toujours au moins la moitié du distributeur ; de là, l'obligation d'augmenter les dimensions de la roue, ce qui introduit des difficultés de construction.

Ce système d'admission de l'eau dans la turbine a été reproduit sous une forme plus avantageuse par M. Fontaine, ainsi qu'on le verra plus loin et a au point de vue théorique les mêmes inconvénients que celui de M. Callon.

M. Gentilhomme est le premier constructeur qui ait mis en avant des turbines une vanne de chasse pour nettoyer le bassin de fuite. J'ai représenté cette vanne dans la figure 97 (Pl. VI). Cette idée est très-avantageuse, l'eau amène dans le bief inférieur une grande quantité de boues, de graviers dont le dragage est difficile et coûteux, et présente surtout le grand inconvénient d'empêcher la marche du moteur ; mais je crois aussi avantageux pour la même raison de ne pas appuyer, ainsi qu'il l'a fait, l'arbre vertical des turbines sur un massif plus élevé que le fond du bief d'aval et d'imiter la disposition de la figure 97, parce que en amont de ce socle il se forme ordinairement un amas plus ou moins grand d'immondices qu'on ne peut enlever à l'aide de la vanne de chasse.

Je n'insiste pas davantage sur une turbine qui a eu dans l'industrie un médiocre succès et je passe à la théorie de la turbine Fourneyron.

104. THÉORIE DE LA TURBINE FOURNEYRON. — On sait que l'équation générale que donne le travail Pv des moteurs hydrauliques où l'eau n'agit pas par son poids est :

$$Pv = \frac{1}{2} mV^2 - \frac{1}{2} m (U^2 + W^2).$$

En désignant par h la hauteur du niveau d'amont au-dessus du centre des orifices d'écoulement et par h' la hauteur du niveau d'aval au dessus du même point, $H = h - h'$ sera la hauteur de chute totale ou utile, et c'est au travail moteur résultant de cette chute que doit être comparé l'effet utile de la turbine; enfin les conditions du maximum de travail exigent que l'on ait $U = o$, $W = o$.

Si l'on supposait la roue mobile enlevée, la vitesse d'écoulement serait $\sqrt{2g\,(h - h')}$ en faisant abstraction du frottement de l'eau contre les parois du réservoir, des contractions éprouvées par le liquide à son entrée dans les directrices et en admettant (ce qui a lieu effectivement) que l'aire de l'orifice d'écoulement est très-petit relativement à la section du réservoir cylindrique. Mais la présence de la roue horizontale modifie ce résultat; on conçoit, en effet, que plus elle est animée d'une grande vitesse, plus la force centrifuge tend à rejeter l'eau hors de la turbine et à produire par suite autour du réservoir une diminution de pression qui augmente la vitesse d'écoulement.

Pendant la marche de la machine, la vitesse d'écoulement V sera donc égale à $b\sqrt{2g\,(h - h')}$, b étant une quantité variable avec la vitesse de rotation, mais restant toujours plus grande que l'unité. On a aussi du reste :

$$V = \sqrt{2g\left(h + \frac{P - p}{d}\right)} \qquad (1).$$

P étant la pression atmosphérique; p la pression variable sur les orifices d'écoulement ; d la densité du liquide. Cette équation peut s'écrire sous la forme :

$$\frac{p}{d} - \frac{P}{d} = h - \frac{V^2}{2g} \qquad (2).$$

La vitesse d'écoulement V se décompose à son entrée dans la turbine en deux vitesses, l'une v_o égale à celle de la circonférence intérieure de la roue et l'autre V_r qui est la vitesse relative d'introduction. L'eau en arrivant sur les aubes ne produira aucun choc si celles-ci sont tangentes à la direction de V_r, on aura donc (Pl. VI, Fig. 95) :

$$U = o$$

à la condition que

$$V^2 = V_r^2 + v_o^2 - 2V_r v_o \cos \alpha \qquad (3)$$

et que

$$V \sin \alpha = V_r \sin \beta \qquad (4)$$

en désignant par α et β les angles de v_o avec V et V_r.

Le liquide qui entre dans la turbine avec une vitesse V_r se trouve jusqu'à sa sortie soumis à différentes forces qui sont :

1° La pression p qui favorise son mouvement ;

2° La force centrifuge dont le travail est $\dfrac{m\omega^2}{2}(R^2 - r^2)$ qui agit dans le même sens ;

3° La pression atmosphérique P qui ralentit son mouvement ;

4° La pression sur la surface de sortie due à la hauteur h' dont la turbine est noyée et qui agit comme la précédente.

Si on désigne par : o la surface d'entrée de l'eau, o' la surface de sortie, V' la vitesse de l'eau à l'extrémité des aubes.

Le principe des forces vives donne :

$$poV_r t - Po'V' t - dh'oV t + \frac{m\omega^2}{2}(R^2 - r^2) = \frac{m}{2}(V'^2 - V^2) ;$$

mais

$$oV_r t = o'V t = \frac{mg}{d} ;$$

il vient donc :

$$\frac{p}{d} - \frac{P}{d} - h' + \frac{\omega^2}{2g}(R^2 - r^2) = \frac{V'^2}{2g} - \frac{V_r^2}{2g} \qquad (5),$$

d'où :

$$V'^2 = V_r^2 + \omega^2(R^2 - r^2) + 2g\left(\frac{p}{d} - \frac{P}{d} - h'\right) \qquad (6).$$

Mais l'eau ne sort pas avec la vitesse V', sa vitesse de sortie W est la résultante de V' et de la vitesse v de la circonférence extérieure, on a donc :

$$W^2 = V'^2 + v^2 - 2V'v \cos \varphi \qquad (7);$$

φ étant l'angle d'inclinaison de l'aube sur la circonférence extérieure.

Si l'on porte dans l'équation générale les valeurs de V, U et W tirées de ces équations, on aura l'expression du travail utile de la machine, mais elle sera fonction d'une quantité p inconnue et variable avec sa vitesse de rotation.

La partie réellement importante de la théorie est celle dans laquelle on s'occupe de la recherche des conditions du maximum d'effet utile ; le maximum exige que :

$$U = o \quad \text{et} \quad W = o.$$

Le tracé des aubes permet de réaliser la première condition ; quant à la seconde elle exige en général que

$$\varphi = o \quad \text{et} \quad V' = v.$$

On sait que si $\varphi = o$ l'eau ne pourra pas sortir facilement de la roue, on devra donc adopter au moins une valeur comprise entre 10 et 20° ; il y aura dès lors une perte de travail égale à $2mv^2 \sin^2 \dfrac{\varphi}{2}$:

car
$$W^2 = 2v^2 (1 - \cos \varphi)$$

$$= 4v^2 \sin^2 \frac{\varphi}{2} ;$$

et
$$\frac{mW^2}{2} = 2mv^2 \sin^2 \frac{\varphi}{2} \qquad (8).$$

Les conditions du maximum absolu ne sont donc pas réalisables dans cette machine, on aura toutefois un maximum relatif en faisant φ très-petit, $V = v$ et $U = o$; développons maintenant ces conditions afin de trouver les lois de construction de la turbine Fourneyron.

Reprenons les équations (2) et (5)

$$\frac{p}{d} - \frac{P}{d} = h - \frac{V^2}{2g} \qquad (2),$$

$$\frac{p}{d} - \frac{P}{d} = h' - \frac{\omega^2}{2g}(R^2 - r^2) + \frac{V'^2}{2g} - \frac{V_r^2}{2g} \qquad (5),$$

et éliminons la quantité $\frac{p}{d} - \frac{P}{d}$, il vient :

$$h - \frac{V^2}{2g} = h' - \frac{\omega^2}{2g}(R^2 - r^2) + \frac{V'^2}{2g} - \frac{V_r^2}{2g},$$

d'où :

$$\frac{V'^2}{2g} - \frac{V_r^2}{2g} + \frac{V^2}{2g} = H + \frac{\omega^2}{2g}(R^2 - r^2)$$

ou :

$$V'^2 - V_r^2 + V^2 = 2gH + \omega^2(R^2 - r^2),$$

ou :

$$V'^2 - V_r^2 + V^2 = 2gH + v^2 - v_o^2 \qquad (9);$$

dans cette équation, faisons $V' = v$, on a :

$$V^2 - V_r^2 = 2gH - v_o^2$$

ou :

$$V_r^2 = V^2 + v_o^2 - 2gH \qquad (10);$$

mais on a trouvé (3) :

$$V_r = V^2 + v_o^2 - 2Vv_o \cos \alpha,$$

donc :

$$v_o = \frac{2gH}{2V \cos \alpha} \qquad (11);$$

mais nous avons posé précédemment :

$$V = b \sqrt{2gH},$$

donc :

$$v_o = \frac{\sqrt{2gH}}{2b \cos \alpha} \qquad (12).$$

Portant cette valeur dans (10), il vient :

$$V_r^2 = V^2 + \frac{2gH}{4b^2 \cos^2 \alpha} - 2gH,$$

$$V_r^2 = b^2 \times 2gH + \frac{2gH}{4b^2 \cos^2 \alpha} - 2gH,$$

$$V_r = \frac{\sqrt{2gH}\ \sqrt{1 + 4b^2 \cos^2 \alpha\,(b^2 - 1)}}{2b \cos \alpha} \qquad (13);$$

mais on a eu précédemment :

$$V \sin \alpha = V_r \sin \beta \qquad (4).$$

En éliminant V_r entre ces deux dernières équations, on a :

$$\sin \beta = \frac{b^2 \sin 2\alpha}{\sqrt{4b^2\,(b^2 - 1)\cos^2 \alpha + 1}} \qquad (14).$$

On voit que les expressions qui indiquent la valeur des diverses parties de la turbine sont toujours exprimées en fonction de l'indéterminée b. Il faut en conclure que dans l'état actuel de la science les lois de construction de la turbine Fourneyron ne peuvent être déterminées d'une manière bien rigoureuse.

Si l'on faisait $b = 1$, il viendrait :

$$v_o = \frac{\sqrt{2gH}}{2 \cos \alpha} \qquad (12\ bis),$$

$$V_r = v_o \qquad (13\ bis),$$

$$\sin \beta = \sin 2\alpha \qquad (14\ bis);$$

l'hypothèse $b = 1$ revient à supposer que la vitesse d'écoulement V n'est pas influencée par la force centrifuge.

Cette hypothèse est-elle admissible? Elle ne l'est pas d'une manière générale, mais l'expérience montre que l'influence de la force centrifuge est d'autant plus faible que la chute est plus grande et qu'elle n'est réellement appréciable que pour les très-grandes vitesses et les petites levées de vanne.

La difficulté de trancher la question et ces considérations nous portent donc à faire $b = 1$ dans la théorie de la turbine Fourneyron.

Remarquons maintenant que l'équation (14 *bis*)

$$\sin \beta = \sin 2\alpha$$

donne $$\beta = 2\alpha$$

ou $$\beta = \pi - 2\alpha.$$

Ce résultat tendrait à faire croire qu'il y a deux positions que l'on peut donner indifféremment à l'aube ; il n'en est rien, la valeur $\beta = 2\alpha$ est la seule admissible, car V se décompose en V_r et v_o, et $V_r = v_o$, le triangle *abc* est donc isocèle ; donc :

$$\text{Angle } cab = \text{Angle } abc = \text{Angle } dab,$$

$$\text{Angle } dac = 2 \text{ Angle } cab$$

ou $$\beta = 2\alpha.$$

M. Fourneyron prend généralement dans ses tracés $\alpha = 45°$ et $\beta = 90°$, nombres qui satisfont à ces conditions, mais on voit qu'on peut faire varier les valeurs de α et β et que la turbine admet une foule de tracés différents.

En résumé, la théorie nous mène aux relations suivantes :

$$\varphi = 0 \qquad \qquad \text{(A)},$$

$$\beta = 2\alpha \qquad \qquad \text{(B)},$$

$$V_r = v_o = \frac{\sqrt{2gH}}{2 \cos \alpha} \qquad \qquad \text{(C)},$$

$$V' = v = \frac{R}{r} \frac{\sqrt{2gH}}{2 \cos \alpha} \qquad \qquad \text{(D)}.$$

La première relation (A) montre que les aubes de la turbine doivent être tracées tangentiellement à sa circonférence extérieure, on sait que cela n'est pas possible au point de vue pratique, et M. Fourneyron prend $\varphi = 15°$.

La seconde équation (B) indique que l'on peut varier la disposition des aubes, mais que le premier élément de ces aubes doit faire avec la circonférence intérieure un angle double de celui que fait la vitesse d'écoulement avec la même circonférence.

L'équation (C) montre que la vitesse relative d'introduction de l'eau dans la turbine doit être égale à la vitesse de la circonférence intérieure et que cette vitesse varie avec l'angle α, par suite on devra déterminer l'angle α par la considération de la vitesse la plus avantageuse de la turbine.

L'équation (D) indique de même que la vitesse relative de sortie de l'eau est égale à celle de la circonférence extérieure de la turbine.

TABLE DES VARIÉTÉS *qu'admet la turbine dans sa construction, d'après le colonel russe Dobronravoff.*

Nos	α	β	$\dfrac{1}{2 \cos \alpha}$	Nos	α	β	$\dfrac{1}{2 \cos \alpha}$
1	0	0	0,50000	24	23	46	0,54318
2	1	2	0,50018	25	24	48	0,54732
3	2	4	0,50030	26	25	50	0,551815
4	3	6	0,50069	27	26	52	0,55630
5	4	8	0,50122	28	27	54	0,56116
6	5	10	0,50191	29	28	56	0,56638
7	6	12	0,50275	30	29	58	0,57168
8	7	14	0,50375	31	30	60	0,57735
9	8	16	0,50491	32	31	62	0,58332
10	9	18	0,50623	33	32	64	0,58959
11	10	20	0,50771	34	33	66	0,59618
12	11	22	0,50936	35	34	68	0,60311
13	12	24	0,51117	36	35	70	0,61039
14	13	26	0,51315	37	36	72	0,61803
15	14	28	0,51531	38	37	74	0,62607
16	15	30	0,51704	39	38	76	0,63451
17	16	32	0,52015	40	39	78	0,64338
18	17	34	0,522845	41	40	80	0,65270
19	18	36	0,52573	42	41	82	0,66251
20	19	38	0,52881	43	42	84	0,67282
21	20	40	0,53221	44	43	86	0,68366
22	21	42	0,53557	45	44	88	0,69508
23	22	44	0,53927	46	45	90	0,70711

Nos	α	β	$\dfrac{1}{2\cos\alpha}$	Nos	α	β	$\dfrac{1}{2\cos\alpha}$
47	46	92	0,71978	70	69	138	1,39521
48	47	94	0,73314	71	70	140	1,46190
49	48	96	0,74724	72	71	142	1,53577
50	49	98	0,76212	73	72	144	1,61803
51	50	100	0,77786	74	73	146	1,71015
52	51	102	0,79451	75	74	148	1,81397
53	52	104	0,81213	76	75	150	1,93185
54	53	106	0,83273	77	76	152	2,06678
55	54	108	0,85065	78	77	154	2,22270
56	55	110	0,87172	79	78	156	2,40486
57	56	112	0,89414	80	79	158	2,62042
58	57	114	0,91804	81	80	160	2,87938
59	58	116	0,94354	82	81	162	3,19622
60	59	118	0,97080	83	82	164	3,59264
61	60	120	1,00000	84	83	166	4,102745
62	61	122	1,03133	85	84	168	4,78337
63	62	124	1,065025	86	85	170	5,73684
64	63	126	1,10134	87	86	172	7,16778
65	64	128	1,14032	88	87	174	9,55364
66	65	130	1,18310	89	88	176	14,32682
67	66	132	1,22929	90	89	178	28,64928
68	67	134	1,27965	91	90	180	Infinité.
69	68	136	1,33473				

Le tableau ci-joint, extrait de l'ouvrage du colonel russe Dobronravoff indique les variétés qu'admet la turbine.

D'après ce tableau, on voit que pour les limites :

$$\left. \begin{array}{l} \alpha = 0° \\ \alpha = 90° \end{array} \right\} \text{Les vitesses les plus avantageuses sont} \left\{ \begin{array}{l} 0,5 \\ \infty \end{array} \right. \sqrt{2g\mathrm{H}}$$

dans la pratique α ne pourra varier qu'entre 15° et 80°, car pour dans des angles plus petits que la limite inférieure les orifices d'admission seraient trop étroits, et pour des angles plus grands que 80° la vitesse serait trop grande.

De là concluons que :

1° Pour de grandes chutes α aura une valeur voisine de la limite inférieure ;

2° Pour de petites chutes α se rapprochera de la limite supérieure ;

3° Pour des chutes moyennes α sera voisin de 45° à 50°.

Il est facile de contrôler maintenant l'approximation obtenue dans l'hypothèse $b = 1$; M. Fourneyron a trouvé expérimentalement que la vitesse la plus avantageuse de la circonférence intérieure était $0,70 \sqrt{2gH}$, ici le tableau indique $0,70711 \sqrt{2gH}$. On peut donc, au point de vue pratique, laisser de côté l'influence du mouvement de rotation.

105. Dimensions des diverses parties de la turbine Fourneyron. Leur tracé. — L'expérience a indiqué certaines lois que nous allons énoncer successivement :

1° On peut admettre que le coefficient de dépense applicable au vannage cylindrique de M. Fourneyron est 0,80 ;

2° Le rapport $\dfrac{r}{R}$ égale 0,70 pour les roues dont le diamètre extérieur ne dépasse pas deux mètres ; pour les roues plus grandes , il varie de 0,75 à 0,83 ;

3° La plus courte distance entre deux directrices voisines varie entre 0,15 et 0,30 ; il paraît meilleur de ne pas s'écarter beaucoup de la limite inférieure ;

4° La section circulaire du réservoir cylindrique doit être égale à 4 fois au moins l'aire de l'orifice de sortie ; cette condition détermine le rayon du réservoir et par suite le rayon de la circonférence intérieure de la turbine ;

5° Le nombre des directrices est la moitié ou le tiers du nombre des aubes suivant que ce dernier est inférieur ou supérieur à 24.

106. Marche a suivre dans un projet de turbine Fourneyron. — Supposons qu'on ait à utiliser une dépense D et une hauteur de chute H ; voyons comment doit être organisée une turbine Fourneyron de manière à avoir le meilleur rendement possible.

Admettons 0,70 pour coefficient de rendement, ce qui est conforme aux résultats moyens des expériences connues ; le travail T fourni par le moteur sera donné par l'équation :

$$T = 0{,}70 \times 1000 \, D \times H$$

$$= 700 \, DH.$$

Désignant toujours par O l'aire de l'orifice de sortie de l'eau dans le réservoir cylindrique, par mb le coefficient de contraction relatif à cette surface, à H et à la vitesse de la turbine, on a :

$$D = mbO \sqrt{2gH}$$

d'où

$$O = \frac{D}{mb \sqrt{2gH}}.$$

D'après les expériences faites jusqu'à ce jour, mb a une valeur peu différente de 0,80 ; on peut donc calculer O.

Mais il est clair qu'il doit exister entre la surface O et la section πR_i^2 du canal cylindrique qui amène l'eau, une certaine relation pour que celle-ci prenne un régime constant ; l'écoulement sera d'autant plus régulier que πR_i^2 sera plus grand relativement à O, et M. Fourneyron a conclu de ses observations qu'il faut que πR_i^2 soit au moins égal à $4 \times O$, nous aurons donc :

$$\pi R_i^2 = KO ;$$

K étant égal ou supérieur à 4, de là :

$$R_i = \sqrt{\frac{KD}{\pi \, mb \sqrt{2gH}}}.$$

Le rayon r de la circonférence intérieure de la turbine sera égal à R_i augmenté de 0,0025 et sa valeur sera variable avec celle de K.

Le rayon extérieur R se trouvera par la loi suivante provenant encore des essais de M. Fourneyron et citée précédemment :

$$\frac{r}{R} = \quad 0{,}70 \quad \text{pour } 2R < 2{,}00.$$

$$\frac{r}{R} = \left. \begin{array}{c} 0{,}75 \\ 0{,}83 \end{array} \right\} \text{pour } 2R > 2{,}00.$$

On voit que le rayon extérieur est susceptible de grandes variations.

Passons à l'organisation des directrices. En désignant par e la hauteur de l'orifice O, l la plus courte distance entre deux directrices voisines, n le nombre de ces directrices, on a:

$$n l e = O.$$

L'expérience a montré que l peut varier entre 0,15 et 0,30; on prendra donc 0,15 pour les petites turbines, celles, par exemple, où R égale 0,60, mais il sera toujours bon de s'écarter peu de la limite inférieure, car il est clair que l'eau sera mieux dirigée sur les aubes de la roue mobile.

On choisira donc, d'après ces considérations, une valeur de l de laquelle résultera une valeur de n et l'équation précédente fournira dès lors celle de e.

La hauteur e' de la turbine sera égale a $e + 0{,}002$; on conçoit, en effet, que dans le but de faire entrer facilement l'eau dans la roue, on doit établir le fond du réservoir à un millimètre au-dessous de la couronne inférieure et la couronne supérieure à un millimètre au-dessus de l'arète inférieure de la vanne.

En désignant par n' le nombre des aubes, M. Fourneyron propose de faire

$$n' = 2n \text{ ou } 3n$$

suivant que n' est inférieur ou supérieur à 24, mais il parait meilleur de faire $n' = 2n$; la plus courte distance l' des aubes mobiles est donnée par la relation :

$$l' \, V' = l \, V_r,$$

enfin du nombre de tours N que doit faire l'arbre en 1', on conclut la vitesse v_o puis la quantité $\dfrac{1}{2 \cos \alpha}$ par l'équation :

$$v_o = \frac{1}{2 \cos \alpha} \sqrt{2gH}.$$

La table donne alors les angles α et β qui doivent servir au tracé des aubes. Appliquons ces notions générales à un exemple.

107. APPLICATION A UN CAS PARTICULIER. — Soit à utiliser une chute de $6^m,20$ et une dépense de $0,85$ mètres cubes d'eau. On a :

$$T = 0,70 \times 1000 \times 0,85 \times 6,20.$$

$T = 3689$ kilogrammètres pour le travail fourni par le moteur. On aura successivement :

$$\sqrt{2gH} = 11,02$$
$$mb = 0,80$$
$$mb\sqrt{2gH} = 8,816$$
$$O = 0,096$$
$$R_1 = 0,35 \text{ en faisant } K = 4$$
$$r = 0,3525.$$

Admettons que la turbine doive faire 60 tours par minute, alors :

$$v_o = \frac{2\pi rN}{60} = 2^m,20 ;$$

portant cette valeur dans l'équation :

$$v_o = \frac{1}{2\cos\alpha}\sqrt{2gH},$$

il en résulte :

$$\frac{1}{2\cos\alpha} = 0,19 ;$$

mais $\dfrac{1}{2\cos\alpha}$ ne peut pas être plus petit que $0,50$, il faut donc modifier la valeur de r et par suite celle de K.

Prenons pour $\dfrac{1}{2\cos\alpha}$ la valeur de $0,52$ qui correspond à

$\alpha = 16°$ et $\beta = 32°$, et recommençons le projet en sens inverse :

$$\frac{1}{2 \cos \alpha} \; \sqrt{2gH} = v_o = 5{,}73 \, ,$$

mais

$$v_o = \frac{2\pi rN}{60} \, , \text{ donc } r = 0{,}91 \, ;$$

donc

$$R_1 = 0{,}9075 .$$

Enfin on conclut :

$$R = 1{,}30 \, , \text{ par la relation } \frac{r}{R} = 0{,}70 .$$

On pourrait, en calculant πR_1^2, chercher la valeur de K qui résulte de ces nouveaux nombres, mais cela n'offre aucun intérêt pour le projet, il est clair qu'il est plus grand que 4.

Passons aux dimensions de l'orifice : la circonférence de rayon r et R étant tracées, on pourra tracer une directrice par la méthode suivante, puisque l'on connait l'angle α et par suite celui que la directrice fait avec le rayon (Pl. VI, Fig. 96).

Menez un rayon quelconque oa et des angles oad et dou égaux à l'angle que les directrices font avec le rayon ; du point c, où od coupe le tuyau porte-fond, menez eb parallèle à oa et tracez un arc de cercle passant en e et b, et tangent aux lignes ed et db ; le profil eba est la directrice.

Le tracé d'une directrice permet de déterminer le nombre n de directrices correspondant à une largeur d'orifice l.

Connaissant n et l, on détermine e par l'équation :

$$e = \frac{0}{nl} \, ,$$

n étant connu, je fais $n' = 2n = 76$; $e' = e + 0{,}002$, puis $l' = \frac{lV_r}{V'}$.

Passons au tracé des aubes :

On connait, en faisant avec la tangente à la circonférence

intérieure un angle β égal à 2α, une direction aq à laquelle l'aube doit être tangente.

Cela posé, élevons al perpendiculaire à aq, divisons l'arc lq en cinq parties égales, prenons $lS = \dfrac{3}{5} lq$ et faisons aboutir en S l'aube partant de a.

Remarquons que l'on connait le nombre n' des aubes et par suite le point S' où aboutira l'aube suivante, et que le problème revient dès lors à tracer une courbe tangente à aq, tangente en S à une ligne faisant un angle de 15° avec la tangente à la circonférence et située à une distance l' du point S'.

On fera passer des courbes semblables par les autres points de division pour compléter le tracé de l'aubage.

Soient donc maS et $m'a'S'$, deux aubes consécutives tracées par ce moyen ; il faut remarquer que le canal d'évacuation large vers la circonférence intérieure, va en diminuant, de là des remous et tourbillons qui diminuent le rendement de la machine, aussi il sera bon de rétrécir l'orifice en renforçant l'aube comme cela est indiqué dans la figure ; l'expérience a prouvé que cette disposition augmentait le rendement des turbines Fourneyron.

108. Turbine Fontaine - Baron. Sa description. — Dans la turbine Fontaine-Baron l'eau sort d'un réservoir B par une ouverture annulaire pratiquée dans son fond, et vient agir de haut en bas sur les aubes d'une roue mobile C après avoir traversé une roue fixe A dite distributeur.

La roue C est reliée par une espèce de calotte sphérique à un arbre creux D auquel est communiqué le mouvement de rotation ; quant à A, son rôle est d'assurer la direction des filets liquides qui vont agir sur C.

Un des grands avantages de cette turbine, c'est la place tout à fait hors de l'eau du pivot ; un arbre vertical est attaché solidement au sol, et c'est sur la partie supérieure de cette colonne fixe, qu'emboîte l'arbre creux D et mobile de la roue, que s'opère la rotation ; les réparations, la visite, le graissage deviennent alors faciles.

La roue A, placée dans l'ouverture annulaire, contient des aubes courbes directrices tracées de manière à amener l'eau sans choc sur les aubes mobiles de la roue C, et l'écoulement est réglé par de petites ventelles verticales, en nombre égal à celui des directrices et disposées de manière à atténuer en partie les effets de la contraction, et à assurer aux filets fluides une inclinaison finale peu différente de celle des directrices. Toutes ces ventelles s'élèvent ou s'abaissent simultanément au moyen d'un cercle H assemblé avec trois tiges à vis dont deux a, b sont visibles sur la figure 97 (Pl. VI). Le vannage adopté par M. Fontaine fait disparaître l'inconvénient cité pour les turbines Fourneyron, celui d'avoir un rendement assez faible quand on ne lui fournit pas toute l'eau qu'elle est capable de dépenser.

Quelques mots sur le pivot permettront de concevoir parfaitement l'ensemble de la turbine.

L'idée du pivot placé à la partie supérieure de l'arbre de la turbine est due à M. Arson, ingénieur civil, qui en a fait le sujet d'un brevet d'invention qu'il a cédé à M. Fontaine (Pl. VI, Fig. 97 *bis*).

L'arbre creux D, auquel est communiqué le mouvement, est fondu avec une partie renflée D' en forme d'œil, qui permet d'y introduire la crapaudine, le pivot et l'écrou à soulager ; il enveloppe dans toute sa longueur un arbre vertical plein E solidement fixé au centre d'un siége en fonte F assis lui-même sur une pièce G au fond de l'eau ; au sommet renflé D' de cet arbre plein sont ajustés une crapaudine, un grain d'acier et un pivot p en fer dont la partie inférieure est aciérée, et dont la partie supérieure est filetée pour recevoir l'écrou e au moyen duquel on peut élever ou abaisser l'arbre creux et par suite régler convenablement la position de la turbine relativement au distributeur.

La manœuvre des vannes est analogue à celle de la turbine Fourneyron, les figures 93 et 93 *ter* (Pl. VI) l'indiquent suffisamment.

Certaines turbines Fontaine sont à double couronne, c'est-à-dire que le distributeur A et la roue sont divisés en deux par une cloison verticale cylindrique. Les deux couronnes jouent le même rôle ; en temps ordinaire on se sert de la couronne extérieure, et quand vient une crue et par suite une diminution de chute, on introduit l'eau dans les deux couronnes et on obtient le même travail moteur en compensant par un excès de dépense la diminution de la chute.

Il va sans dire que la turbine comporte alors deux systèmes de ventelles.

L'expérience a prouvé que ce système de vannage n'était pas exempt de reproches ; les eaux amènent toujours dans quelques intervalles du distributeur des corps étrangers, il en résulte que l'ouvrier, en abaissant les ventelles (qui ont un mouvement commun), en forcera un certain nombre. Au bout de quelques mois de service, toutes les tiges sont faussées et les ventelles ne ferment plus exactement les orifices d'écoulement. Pour remédier à ce défaut, M. Fontaine a employé un système qui donne à la turbine une bien plus grande simplicité de construction. Sur les orifices du distributeur s'étendent deux bandes de *gutta-percha ;* la première est fixée d'une part sur le distributeur en C et de l'autre à un rouleau R ; la seconde est fixée en C' au distributeur et au rouleau R'. On voit alors qu'en faisant tourner le pignon p, le rouleau R marchera vers C, le rouleau R' marchera vers C' et dans ces mouvements ils démasqueront un certain nombre d'orifices (Pl. VI, Fig. 98).

La tige qui mène le pignon est mue à la partie supérieure de l'usine, un indicateur indique à l'ouvrier combien il découvre d'orifices.

Quand la turbine ne doit plus fonctionner, on fait marcher les rouleaux en sens inverse et leur pression applique les bandes de *gutta-percha* sur les orifices, de manière à avoir une fermeture hermétique.

Le temps n'a pas encore consacré précisément ce nouveau vannage ; il est encore trop nouveau et trop peu répandu pour que l'on puisse connaître ses inconvénients ; cependant, au point de vue théorique, on peut lui faire le reproche adressé aux turbines Callon et Gentilhomme. C'est toujours une faute de ne démasquer qu'un certain nombre d'orifices, et au point de vue pratique je crains l'action de l'eau sur la bande de *gutta-percha*.

La turbine Fontaine n'est, pour ainsi dire, qu'un cas particulier de la turbine Burdin qui se composait d'un réservoir placé au-dessus de deux cylindres concentriques verticaux entre lesquels étaient emboîtées des aubes à surface gauche.

M. Fontaine a organisé le réservoir supérieur d'une manière différente et a modifié les dimensions respectives de la roue et de ce réservoir qui étaient égales chacune à la moitié de la hauteur de chute.

109. THÉORIE DE LA TURBINE FONTAINE-BARON. — L'équation donnant l'effet utile de la turbine sera :

$$P v = \frac{1}{2} m V^2 + m g z - \frac{1}{2} m U^2 - \frac{1}{2} m W^2,$$

z représentant la hauteur de la turbine, hauteur pendant laquelle l'eau agit par son poids (Pl. VI, Fig. 99).

L'eau sort du distributeur avec une vitesse V due à la hauteur d'eau h ; cette vitesse se décompose en deux, l'une v, qui est la vitesse de la circonférence moyenne de la turbine, l'autre V_r, qui est sa vitesse d'introduction. On évite le choc à l'entrée en traçant le premier élément des aubes tangent à la direction de V_r, et l'on a :

$$V_r^2 = V^2 + v^2 - 2 V v \cos \alpha \text{ et } U = o ; \qquad (1)$$

α étant l'angle de V avec une horizontale ; l'eau s'écoule le long de l'aube et prend au bas une vitesse relative V' donnée par l'équation :

$$V'^2 = V_r^2 + 2 g z. \qquad (2)$$

Cette vitesse V', composée avec la vitesse de rotation de la circonférence moyenne de la turbine donne la vitesse absolue W de liquide à sa sortie :

$$W^2 = V'^2 + v^2 - 2V'v \cos \varphi.$$

En portant dans l'équation générale les valeurs de V, z, U et W, on a l'expression générale de l'effet utile.

Mais pour que l'effet utile soit maximum, il faut que $W = o$ c'est-à-dire que $\varphi = o$ et $V' = v$.

On sait que φ ne peut être nul, que cet angle doit avoir une valeur d'environ 29°, par suite le maximum absolu n'est pas réalisable ; le terme $\dfrac{mW^2}{2}$ aura toujours une certaine valeur et la seule chose à faire est de rechercher les conditions qui pourront la rendre minimum.

En faisant $V' = v$ dans l'équation :

$$W^2 = V'^2 + v^2 - 2V'v \cos \varphi$$

il vient :

$$W^2 = 2V'^2 (1 - \cos \varphi) ; \qquad (5)$$

expression qui montre que le minimum de W^2 correspond à celui de V'.

Cela posé, ajoutons membre à membre les équations (1) et (2), il vient :

$$V'^2 = V^2 + v^2 - 2Vv \cos \alpha + 2gz ,$$

$$V'^2 = 2g(h + z) - v(2V \cos \alpha - v) ;$$

V' sera minimum quand le terme soustractif sera maximum, c'est-à-dire quand $v = V \cos \alpha$; *ainsi le maximum d'effet utile de la turbine a lieu pour $v = V\cos \alpha$.*

Cette équation $v = V \cos \alpha$ montre que le triangle *abc* est rectangle, *par suite V_r est verticale ainsi que le premier élément de l'aube.*

Reprenons les équations (1) et (2) et ajoutons-les membre à membre en y faisant $V' = v$, on a :

$$o = V^2 + 2gz - 2Vv \cos \alpha,$$

$$o = 2gh + 2gz - 2Vv \cos \alpha,$$

$$o = 2gH - 2Vv \cos \alpha,$$

ou
$$v = \frac{gH}{V \cos \alpha};$$

mais
$$v = gV \cos \alpha,$$

donc
$$v^2 = gH.$$

Représentons par V_c la vitesse qui serait due à la hauteur de chute totale H, il vient :

$$v = \frac{V_c}{\sqrt{2}} = 0,707 \, V_c$$

relation que les expériences vérifient assez bien.

On doit conclure de là que *la vitesse la plus avantageuse de la turbine est indépendante de la hauteur z de la turbine.*

On peut prouver aussi que la vitesse de sortie W en est indépendante ; en effet l'équation (3) donne, en y faisant $V' = v = V \cos \alpha$,

$$W^2 = 2V^2 \cos^2 \alpha \, (1 - \cos \varphi) ;$$

mais
$$V^2 \cos^2 \alpha = v^2 = gH,$$

donc
$$W^2 = 2gH \, (1 - \cos \varphi) ;$$

donc la portion de chute non utilisable dans les turbines Fontaine est indépendante de la hauteur de la roue.

De là on conclut que l'on devra adopter la hauteur la plus commode pour la disposition et la construction. Dans les turbines établies, elle est généralement comprise entre 0,20 et 0,30.

La théorie peut encore donner quelques renseignements sur la valeur de l'angle α : dans l'équation (1) faisons $v = V \cos \alpha$, il vient :

$$V_r^2 = V^2 + V^2 \cos^2 \alpha - 2V^2 \cos^2 \alpha$$

$$= V'^2 (1 - \cos^2 \alpha) =: V^2 \sin^2 \alpha \; ;$$

portant cette valeur dans l'équation (2), on a :

$$V'^2 = V^2 \sin^2 \alpha + 2gz,$$

$$V^2 \cos^2 \alpha = V^2 \sin^2 \alpha + 2gz,$$

$$V^2 \cos^2 \alpha = V^2 (1 - \cos^2 \alpha) + 2gz,$$

$$2V^2 \cos^2 \alpha = 2gH,$$

$$\cos^2 \alpha = \frac{H}{2h}.$$

Or, la valeur maximum de $\cos^2 \alpha = 1$, ce qui correspond à

$$h = \frac{H}{2} \qquad z = h \qquad \alpha = 0.$$

La roue ne peut être établie dans ces conditions, car on devrait faire $\alpha = 0$ et l'eau ne pourrait entrer dans la turbine.

D'un autre côté, le maximum de h est H, alors $\cos^2 \alpha = \frac{1}{2}$ et $\alpha = 45°$.

Donc α doit être compris entre zéro et 45°.

110. Détermination des diverses parties de la turbine Fontaine-Baron. — Voyons maintenant comment l'on pourra déterminer les diverses parties de la turbine (Pl. VI, Fig. 101).

Si nous considérons deux aubes voisines, leur plus courte distance bc' peut être considérée comme égale à $d \sin \varphi$, d étant leur écartement bb'.

En désignant par : l la largeur de la couronne ; n le nombre d'aubes ; R le rayon extérieur ; r le rayon intérieur ; R' le rayon moyen ; D la dépense ; K le coefficient de contraction relatif à l'orifice de sortie formé par deux aubes consécutives ;

On a :

$$D = K n d l \sin \varphi \, V',$$

mais
$$n d = 2\pi R',$$

donc
$$D = 2\pi R' K l \sin \varphi \, V'.$$

Cette équation montre que rien ne détermine *à priori* les dimensions relatives de R' et de l ; pour admettre la dépense fixe D il faut une certaine capacité, si l'on fait diminuer R' on devra augmenter l et réciproquement.

Toutefois, l'examen des turbines établies dans de bonnes conditions, doit servir de règle ; les constructeurs paraissent adopter la relation $r = 0,68\,R$,

par suite
$$R' = \frac{R + r}{2} = 0,84\,R$$

et
$$l = R - r = 0,58\,R'.$$

Mais il faut remarquer, avant d'aller plus loin, que l'équation $n d = 2\pi R'$ n'est pas tout à fait exacte, car elle ne tient pas compte de l'épaisseur des aubes. On peut admettre que cette épaisseur est environ $0,04\,nd$, et alors la dimension nd de l'orifice de sortie se trouve réellement réduite à $0,96\,nd$, donc :

$$D = 0,96\,K\,2\pi R'l \sin \varphi \, V'$$

$$= 0,96\,K\,2\pi R' \times 0,58\,R' \sin \varphi \, V',$$

d'où on tire la plus petite valeur que l'on puisse donner à R'.

De la valeur de R' on conclut R, r et l ; il faut remarquer toutefois que la largeur l est celle de la roue à sa partie inférieure ; la largeur dans le plan supérieur est différente, elle dépend de celle du distributeur.

Le rayon moyen du distributeur doit être évidemment égal à celui de la roue ; mais ce distributeur devant toujours être à quelques millimètres au-dessus de la roue, afin de ne pas gêner son mouvement de rotation, la vitesse d'écoulement de l'eau sera due non pas à une hauteur h, ainsi que je l'ai supposé précédemment, mais à $h - \varepsilon$; elle ne sera donc pas V' mais V_ε quantité un peu moindre et connue.

En procédant comme précédemment, on aura :

$$D = 0,96\,K'\,2\pi R'l'\sin\alpha\;V_\varepsilon.$$

On en tirera l' qui sera la largeur du distributeur ; celle de la roue dans son plan supérieur sera $l' + 0,002$, et la coupe transversale dans la turbine offrira la forme de la figure 100 (Pl. VI).

L'expérience a montré que les aubes pouvaient être écartées de 0,11 à 0,15 sur la circonférence moyenne. Quant aux directrices, cet écartement peut aller de 0,16 à 0,17. Le coefficient de contraction K relatif aux aubes a pour valeur 0,90 ; K' qui est relatif aux directrices a pour valeur 0,85 ; en supposant les orifices complétement ouverts.

Le tracé des aubes qui paraît le plus simple est le suivant (Fig. 101) :

Soient mn, pq les circonférences moyennes de la turbine développées sur un plan, prenons bb' égal à l'écartement adopté ; menons deux parallèles bc, $b'c'$ faisant avec pq l'angle φ, du point b abaissons bc' perpendiculaire sur $b'c'$ et prolongeons jusqu'en o, traçons un arc de cercle $c'a'$ du centre o ; la courbe $a'c'b'$ pourra être prise pour une aube.

Le même tracé s'appliquera aux directrices en partant de l'angle α.

111. Marche a suivre dans un projet de turbine Fontaine. — Ce qui précède rend évidente la marche à suivre dans le projet d'une turbine de cette espèce ; aussi je n'entrerai pas dans de grands détails.

Les turbines Fontaine, rendant au moins les 0,65 du travail moteur, on posera :

$$T = 0,65\,DH ;$$

comme la question fait connaître T et H on en conclut D.

On adoptera pour z une valeur comprise entre 0,20 et 0,30, il en résultera une valeur pour h qui permettra de calculer α, V'; on prendra $\varphi = 20^\circ$ et on trouvera R', R, r, l, l' par les formules indiquées; enfin on fixera le nombre d'aubes.

112. Turbine Jonval perfectionnée par MM. Koechlin et Cie. — La turbine Jonval est encore du système de celle de M. Burdin, mais elle offre une certaine originalité dans sa disposition. Elle est placée vers le sommet de la chute, au haut d'un cylindre vertical qui porte à sa partie inférieure une vanne dont l'orifice est submergé.

Si donc on suppose le cylindre rempli entièrement d'eau et purgé entièrement d'air, en désignant par V la vitesse d'écoulement en un point quelconque du cylindre, S la section cylindrique correspondante, V' la vitesse de sortie par la vanne, S' l'orifice démasqué par la vanne; on aura :

$$D = VS = V'S'.$$

Si on applique cette équation à la roue, c'est-à-dire si S représente la section faite à hauteur des aubes, on voit que V sera d'autant plus fort que S' sera plus grand.

Donc on augmentera ou on diminuera la vitesse avec laquelle l'eau traverse les aubes en levant ou baissant la vanne.

Quant à la vitesse de la roue, on la modifie à volonté à l'aide de coins obturateurs qui, en fermant plus ou moins les aubes, feront prendre à la roue la vitesse nécessaire à son maximum d'effet pour une dépense donnée.

Une de ces turbines, placée à la poudrerie du Bouchet, a été étudiée par M. le général Morin; il est résulté des expériences que ce moteur donne un très-bon rendement analogue à celui des turbines Fontaine quand il est placé dans les conditions de dépense pour lesquels il a été établi; mais si la dépense vient à diminuer, son rendement décroît énormément.

On devra donc préférer les turbines Fontaine aux turbines Jonval quoique la position de ces dernières ait l'avantage de permettre à tout moment, en vidant le cylindre, d'examiner l'état de la turbine.

113. AUTRES TURBINES. TURBINE KRAFFT. — Différentes autres turbines sont encore employées dans l'industrie, mais elles ne sont que des imitations des précédentes et n'en diffèrent que par quelques détails; la turbine Krafft est de ce nombre, elle verse l'eau comme celle de M. Fontaine, mais le vannage est formé par une série de clapets qui, en se rabattant sur la surface annulaire formée par les arêtes supérieures des directrices, permettent de supprimer à volonté le passage de l'eau par un plus ou moins grand nombre de canaux directeurs.

114. TURBINE HYDROPNEUMATIQUE. — MM. Girard et Callon ont apporté, dans ces dernières années, aux turbines Fontaine, un perfectionnement connu sous le nom de *hydropneumatique*. En foulant de l'air sous la turbine, ces ingénieurs y maintinnent l'eau au-dessous de la couronne inférieure, quoique le niveau dans le canal de fuite soit assez élevé pour noyer la roue.

Avec cette disposition, on peut réduire considérablement la dépense sans que le rendement diminue; si au contraire la roue tournait dans l'eau, le rendement décroîtrait parce que les résistances dues au mouvement de la roue dans l'eau sont à peu près les mêmes, quelque soit le débit de la roue.

115. TURBINE CADIAT. — M. Cadiat a établi un certain nombre de turbines d'un système particulier dont la force a varié de 2 à 50 chevaux. Pour la comprendre, concevons un arbre vertical réuni à un disque métallique plein, qui coupé par des plans horizontaux, donnera des cercles allant en croissant depuis son point de réunion avec l'arbre jusqu'à son extrémité, qui porte toutefois un rebord horizontal sur lequel se fixe une espèce de roue Poncelet.

On aura une idée à peu près exacte de cette machine en

concevant une turbine Fourneyron sans distributeur ; l'auteur a recourbé ainsi le disque pour diriger l'eau convenablement sur les aubes sans passer par l'intermédiaire des directrices de M. Fourneyron.

Il faut remarquer que le disque métallique est naturellement sans évidements, ce qui donne une grande charge au pivot.

De plus, au lieu de mettre un vannage cylindrique intérieur, M. Cadiat le place extérieurement ; il règle donc la sortie de l'eau au lieu de régler son entrée, et pour remédier à la charge énorme du pivot, l'auteur place au-dessous de la partie horizontale du disque un rebord vertical qui tourne dans une espèce de rainure pratiquée dans le sol ; il en résulte que le dessous du disque n'a aucune communication avec l'eau.

M. Cadiat profite de cette circonstance pour équilibrer le poids de l'eau qui agit sur la turbine ; il met, par un petit canal, le dessous du disque en communication avec l'eau d'amont.

Dans certains cas, pour des machines puissantes, il équilibre même le poids de la turbine en refoulant de l'eau sous le disque.

Des expériences faites à Sarreguemines ont montré que ce moteur avait un rendement de 0,75 ; d'autres, faites au frein par le colonel d'artillerie directeur de la fonderie de Ruelle, ont donné plus de 0,80.

Il serait peut-être avantageux pour l'industrie qu'on étudiat sérieusement ce moteur, ainsi que les règles de sa construction qui sont inconnues. La seule donnée qui résulte des expériences entreprises jusqu'à ce jour c'est que, pour le maximum d'effet, la vitesse de la turbine doit être les 0,60 de celle de l'eau.

116. TURBINE GIRARD. — Je finirai cette revue des turbines les plus récentes par quelques mots sur une turbine à laquelle M. Girard donne le nom de *turbines sous-directrices à évacuation par évasement.*

Pour se faire une idée de cette turbine, concevez une roue

20

mobile analogue à celle de M. Fourneyron ; elle n'en diffère qu'en ce que les couronnes, au lieu d'être horizontales, sont formées de deux calottes sphériques opposées par leurs sommets.

L'arbre creux, au lieu de supporter un distributeur à directrices, porte simplement un manchon dont la courbure est analogue à celle du disque de M. Cadiat, enfin au-dessus de ce manchon en est un second ayant la forme d'une proue et allant jusqu'au plancher de l'usine. C'est à l'aide de ces deux manchons que l'auteur dirige les filets liquides sur la roue mobile. La vanne est cylindrique et intérieure, comme dans le système Fourneyron.

Des expériences faites au Conservatoire des arts et métiers, ont donné 0,60 de rendement dès que l'ouverture de la vanne est les 0,30 de l'ouverture totale, et 0,65 pour des ouvertures qui seraient les 0,43 de l'ouverture totale pour des chutes comprises entre 4 et 12 mètres ; pour des chutes plus grandes et ouverture complète on a eu 0,76.

On n'a pas étudié son rendement dans le cas où elle serait noyée.

117. Question qui reste a résoudre dans les turbines. Turbines sans vannage. — La description de ces diverses turbines doit montrer qu'il est un problème important qui reste à résoudre pour les turbines, c'est celui de la distribution de l'eau ; tous les systèmes proposés jusqu'à ce jour sont plus ou moins imparfaits.

Je ne terminerai pas ce sujet sans citer une expérience faite en 1855, à Saint-Seurin-sur-l'Isle, dans une fabrique d'acier de MM. Jackson, sur une turbine Fontaine de 50 chevaux.

Le récepteur et le distributeur étant placés, on a eu idée de donner de l'eau avant que l'appareil de vannage fut mis en place ; la marche de la machine ayant complétement satisfait le directeur de l'usine, on a continué, jusqu'à ce jour, à régler la dépense à l'aide des vannes de garde de la huche. Ce fait, consigné dans une brochure de M. le capitaine d'artillerie de la Colonge, mériterait d'être l'objet de quelques expériences avec les différentes turbines et pourrait par suite rendre moins coûteux l'établissement de ces moteurs.

118. AVANTAGES ET DÉFAUTS DES TURBINES COMPARATIVEMENT AUX ROUES HYDRAULIQUES. — Si l'on compare les turbines aux roues hydrauliques bien entendues, on trouve des rendements analogues ; les roues hydrauliques, étant beaucoup plus simples à établir, coûtant moins cher et pouvant être réparées bien plus facilement, devront donc être préférées d'une manière générale, et, selon nous, la turbine ne doit être employée que lorsque la chute, dépassant 10 à 12 mètres, ne saurait être complétement utilisée par une roue à axe horizontal.

CHAPITRE IX.

DÉTAILS DE CONSTRUCTION DES TURBINES.
MONTAGE DES TURBINES.

---

119. But de ce chapitre. — Le but de ce chapitre est plutôt de faire connaître en détail les diverses parties des principales turbines et la manière de les monter, que d'indiquer comment on calculera leurs dimensions. L'expérience est sur ce dernier point souveraine ; d'ailleurs les turbines ne peuvent être construites que dans de grands ateliers spéciaux, je me contenterai de montrer comment on doit les ajuster et je donnerai les dimensions de quelques-unes qui ont fourni de bons résultats. Ne pouvant non plus passer en revue chaque système en particulier, j'examinerai seulement les turbines Fourneyron et Fontaine ; ces deux types permettront de se faire une idée exacte des autres.

120. Détails de la turbine Fourneyron. — Pour monter une turbine du système Fourneyron, on devra d'abord fixer, à l'aide de mastic et de boulons, le siége S dans lequel repose la crapaudine ; le siége est une cage rectangulaire évidée en m pour permettre la manœuvre du levier sur lequel repose la crapaudine. Après avoir mis ce siége, on placera donc le levier puis la crapaudine ; dans cette crapaudine on fixera le grain d'acier. On mettra au-dessus la roue soutenue horizontalement par des chantiers, on descendra l'arbre plein dans la calotte F de la roue, on disposera à la partie inférieure deux coquilles en bronze alesées intérieurement au calibre de l'arbre et coniques extérieurement, qui reposeront sur une embase e ménagée dans l'arbre et serviront par suite à soutenir le moyeu de la calotte, on calera l'arbre puis on introduira le pivot, après l'avoir entouré d'un manchon b en bronze ; le tout sera descendu sur le grain d'acier placé dans la crapaudine, le manchon b empêchera l'eau d'agir sur la matière lubrifiante.

Cela fait, on placera l'arbre creux puis le distributeur, dont le fond viendra de même reposer sur des coquilles appuyées sur une nervure circulaire coulée avec l'arbre creux. La roue mobile a ses aubes fixées comme il a été dit pour les roues Poncelet ; il en est de même des directrices du distributeur.

On boulonne ensuite sur la maçonnerie le cylindre en fonte qui forme l'enveloppe de la vanne ; cette enveloppe doit être bien alesée cylindriquement, puis on place la vanne, autre cylindre en fonte, sur laquelle on boulonne un cercle en fer ; entre cette vanne et ce cercle de fer est comprise une bande de cuir embouti qui rend la fermeture autoclave.

Enfin on visse sur la vanne les coussinets en bois destinés à empêcher la contraction de la veine ainsi que les tiges directrices qui, à la partie supérieure, passent respectivement dans le moyeu de trois roues d'engrenage dont la rotation détermine le mouvement de la vanne.

La figure 95 (Pl. VI) montre que l'arbre creux est maintenu en R par un coussinet et des vis de pression dans une position verticale ; elle offre aussi un dispositif qui pourra varier suivant le caprice de l'ingénieur pour déterminer le mouvement ascensionnel de la vanne ; en général les trois roues traversées par les tiges engrèneront avec une roue centrale dont la rotation sera déterminée par une manivelle dans la partie supérieure de l'usine.

121. DIMENSIONS DE QUELQUES TURBINES FOURNEYRON. — *Dimensions principales de la turbine Fourneyron, de 50 chevaux, établie aux forges de Fraisans.*

Hauteur de chute.	1,38
Diamètre extérieur.	2,95
Diamètre intérieur.	2,42
Hauteur des aubes et de la roue.	0,35
Hauteur des directrices.	0,65
Distance entre les aubes mesurée à l'intérieur . .	0,212
Dépense d'eau.	5^{ms}

Turbine de Dampère.

Chute variable, de . . . . 3 à	6^m
Diamètre extérieur de la roue.	0,90
Diamètre intérieur.	0,63
Hauteur de la roue.	0,10
Nombre d'aubes	27

122. DÉTAILS DE CONSTRUCTION DES TURBINES FONTAINE. LEUR MONTAGE. — La première chose à faire pour monter une turbine est de fixer solidement, à l'aide de mastic et de boulons, le siége en fonte F sur le fond du canal; de placer au-dessus la roue C maintenue horizontalement par des chantiers, d'y introduire l'arbre plein E. On placera ensuite dans une mortaise pratiquée dans le haut de l'arbre plein (Pl. VI, Fig. 97 *bis*), une crapaudine en bronze à grain d'acier; sur ce grain on placera le pivot p, en fer aciéré dans le bas et fileté dans le haut, où il traverse un écrou que l'on mettra de suite en place; on placera le collier en fonte et le coussinet en bronze autour de l'arbre creux, et on enfilera l'arbre plein dans l'arbre creux dont le haut de la partie renflée viendra reposer sur l'écrou. Cela fait, on placera la roue mobile C qui est calée à l'aide d'une clef verticale et de vis pressant cette clef (Fig. 97).

Sur la roue C on place le distributeur A, solidement boulonné sur la maçonnerie du fond du réservoir ; il vaut mieux que ce fond soit en bois, cela rend le système plus élastique ; on relèvera ensuite la roue C à l'aide de l'écrou *e*, de manière que la roue soit à un ou deux millimètres du distributeur. Un coussinet en bronze, interposé entre le moyeu de la roue A et l'arbre creux, empêche l'usure de ces deux parties de la turbine ; un cylindre K creux et dépassant le niveau de l'eau empêche l'introduction de l'eau entre l'arbre creux et le moyeu de A. Enfin on pose les ventelles dont les tiges portent un arrêt qui correspond à l'ouverture entière des orifices.

Inutile d'ajouter que le distributeur A est fondu d'un seul jet avec ses glissières, ses directrices, bras et moyeu. De même pour la roue C.

J'indiquerai ici les dimensions principales de quelques turbines de cette espèce.

Turbine de 18 chevaux à une seule couronne menant un moulin de 4 meules.

Chute.	1,40
Dépense.	1400 litr.
Hauteur de la couronne.	0,235
Nombre des directrices.	52
Nombre des aubes.	64
Diamètre de l'arbre plein.	0,07
Rayon extérieur.	0,970
Rayon intérieur.	0,690

Turbine double de la force de 7 chevaux faisant 50 tours en une minute.

Chute moyenne		2,00
Rayon intérieur.		0,552
Hauteur du distributeur.	couronne intérieure. .	0,10
	couronne extérieure. .	0,13

Hauteur de la roue. . . { couronne extérieure. . 0,205
{ couronne intérieure. . 0,200
Largeur de la couronne intérieure du distribut'. 0,108
Largeur de la couronne extérieure du distribut'. 0,150
Largeur de la couronne intérieure de la roue. . 0,108
Diamètre de l'arbre plein 0,060
Diamètre de l'arbre creux. 0,162
Jeu entre les deux arbres (de chaque côté). . . 0,007
Nombre de directrices (dans chaque couronne). 24
Nombre d'aubes 32
Epaisseur des couronnes. 0,009
Epaisseur des glissières 0,008
Epaisseur des aubes. 0,013
Diamètres des tiges des vannettes 0,005

CHAPITRE X.

ÉTABLISSEMENT DES USINES HYDRAULIQUES.

123. DÉTERMINATION DU TRAVAIL MOTEUR FOURNI PAR UN COURS D'EAU ET DE LA CHUTE UTILISABLE. — L'effet utile d'un moteur hydraulique n'étant jamais qu'une fraction du travail moteur, fraction plus ou moins grande, selon le genre de roue employée, il faut nécessairement, avant d'établir une roue hydraulique, déterminer le volume d'eau et la chute utilisables.

Le volume d'eau fourni en $1''$, par un cours d'eau, s'évalue au moyen des différents procédés de jaugeage indiqués dans les traités d'hydraulique, nous n'y reviendrons pas ici.

La chute s'obtient par un nivellement du cours d'eau fait entre le point sur lequel ou à proximité duquel on peut établir l'usine et le point supérieur ou d'amont jusqu'auquel on peut relever les eaux. Jamais, toutefois, cette différence de niveau ne peut être utilisée entièrement, parce qu'il faut laisser à l'eau une inclinaison suffisante pour son écoulement en amont et en aval des moteurs hydrauliques.

On ne peut pas conclure la chute d'un nivellement isolé; l'opération sera répétée, au contraire, aux diverses saisons de l'année et on devra avant tout connaître sa hauteur de chute correspondante au régime moyen, aux crues et aux sécheresses.

Ces données permettront de juger sainement la valeur d'une chute d'eau; si elle offrait des variations trop grandes, il vaudrait mieux renoncer à son emploi que de créer une usine dans de mauvaises conditions.

La connaissance de la chute réelle, avec celle des travaux à exécuter pour amener les eaux dans l'usine, permet de conclure la chute utilisable et de faire un projet basé sur les conditions suivantes :

1° Les eaux ne doivent pas être élevées plus haut que les eaux d'aval de la première usine supérieure préexistante ;

2° Le niveau des eaux doit être à 0,20 en contre-bas des rives les plus basses ;

3° On doit rendre intégralement au cours d'eau l'eau qu'on lui a empruntée.

Ce projet doit, d'après les règlements, être remis au préfet du département, puis examiné par les ingénieurs du gouvernement, d'après l'avis desquels l'administration fixe définitivement la hauteur à laquelle on pourra retenir les eaux.

124. Dispositions relatives a l'emploi des cours d'eau. — Les dispositions relatives à l'emploi des cours d'eau sont variables avec leur nature, aussi pour les examiner nous classons les cours d'eau en trois catégories :

1° Cours d'eau navigables ou flottables ;

2° Cours d'eau ni navigables ni flottables ;

3° Eaux éparses.

Quand les cours d'eau sont navigables ou flottables, l'administration ne permet pas qu'on s'établisse sur son lit ; on y construit alors un barrage B et l'eau est amenée dans l'usine par un canal C dit de dérivation (Pl. VI, Fig. 102).

L'administration fixe également, d'après l'importance de la rivière, l'espèce de passage à réserver dans le barrage pour la navigation ou le flottage.

L'usine peut, dès lors, être établie soit sur le canal même, soit dans l'île A. Dans le premier cas on placera au commencement du canal des vannes de prise d'eau V, et en V' des vannes motrices qui amèneront l'eau sur les machines de l'usine U.

La portion du canal de dérivation, située en amont des vannes motrices, prend le nom de canal de prise d'eau, l'autre portion s'appelle canal de fuite.

La position des vannes motrices dépend des localités ; la construction du canal de prise d'eau exigeant plus de soin que celle du canal de fuite, il est avantageux de diminuer la longueur du premier et, par suite, de placer les vannes le plus près possible de la prise d'eau.

Les vannes de prise d'eau seront établies de manière à mettre le canal de prise d'eau à l'abri des crues ; à cet effet, les bajoyers, ou murs de soutenement de la charpente qui les remplacent, devront avoir leur face supérieure au-dessus du niveau des plus hautes eaux, les constructions seront d'autant plus solides que la rivière sera plus sujette à des debâcles violentes ; une estacade, formée de poteaux verticaux de 0,20 à 0,25 d'équarrissage, pourra même les protéger. Enfin un barrage B', fixe ou mobile, servira à mettre le canal à sec, pour le nettoyer et le réparer, et maintenir un niveau constant sans qu'il soit besoin d'agir sur les vannes de prise d'eau.

Examinons maintenant le cas où l'usine serait placée dans l'îlot A : alors une vanne de prise d'eau et de garde U sera établie comme précédemment et les vannes motrices V' seront placées du côté de la rivière ; l'eau dépensée rentrera dans le cours d'eau aux points f, et le barrage destiné au nettoyage du cours d'eau et à conserver un niveau constant sera établi en B' (Pl. VI, Fig. 103).

Il arrive toutefois assez souvent que l'administration ne permet même pas l'établissement du barrage B, par suite de l'activité de la navigation, alors on ne peut plus que créer, entre deux points A et B dont il y a lieu d'utiliser la différence de niveau, un canal de dérivation dans lequel on construit un barrage qui prend le nom de tête d'eau (Pl. VI, Fig. 104).

Dans ce cas, le canal de dérivation a toujours une grande longueur, mais il doit être disposé de manière à amener à l'usine le volume d'eau qui lui est nécessaire même pour le moment des basses eaux ou de l'*étiage*.

Quand on barre un cours d'eau (Pl. VI, Fig. 105) la crête du barrage est à une cote déterminée par l'administration, de telle sorte que les eaux moyennes ne soient pas relevées à plus de 0,20 au-dessous des rives les plus basses, et pour se débarrasser des eaux provenant des crues, on installe un barrage B'' composé d'un déversoir et de vannes de fond du côté opposé à l'usine.

Quand un cours d'eau n'est ni navigable ni flottable, on peut le barrer et amener les eaux dans l'usine à l'aide d'un canal de dérivation, comme il a été expliqué précédemment ; mais il vaut mieux supprimer le canal de dérivation et installer les moteurs en aval du barrage. Une portion suffisante du barrage doit être organisée en déversoir avec vannes de décharge.

Passons enfin à l'emploi des eaux éparses. On profite souvent de la configuration du terrain pour réunir des eaux éparses dans un espace assez grand, où elles constituent un étang limité par un barrage où sont établies les vannes motrices. Quelquefois la trop grande hauteur que devrait avoir le barrage d'un seul étang obligera à accumuler les eaux dans plusieurs étangs situés les uns au-dessus des autres.

La chute est naturellement donnée par la retenue d'eau la plus basse, les autres ne servant que de moyens d'alimentation.

Ces étangs ont l'avantage de conserver l'eau qui se serait écoulée en pure perte pendant la nuit ou les heures de repos et sont utiles au moment des basses eaux où l'usine dépense plus que ne fournit la source, mais il en résulte aussi que les moteurs marchent sous des chutes variables, circonstance dont on doit tenir compte au moment de leur établissement.

On doit évidemment proportionner la superficie A de l'étang au volume d'eau qui doit y être conservé, de manière que l'abaissement de niveau h soit assez faible ; si D représente la dépense de la source en $1''$, D' celle de l'usine dans le même temps, l'usine dépensant plus par hypothèse que la source, $(D' - D)t$ sera au bout du temps t le volume d'eau qui aura disparu de l'étang, et l'on aura :

$$(D' - D)\, t = Ah;$$

h sera fixé à 0,30 ou 0,40 pour les roues dont les vannes s'abaissent ; pour les roues en dessous, la vitesse de l'eau ne doit varier de plus d'un huitième ; une fois h déterminé, on conclut A.

125. EMPLACEMENT A DONNER AUX ROUES ÉTABLIES SUR UNE MÊME PRISE D'EAU. Quand la largeur du cours d'eau, sur lequel sont établies les roues, est plus grande que celle qui est nécessaire à la pose des moteurs hydrauliques, on place dans le barrage une vanne de décharge pour obtenir un niveau constant et surtout remédier aux crues.

Les figures 106 et 107 (Pl. VI) sont faites dans cette hypothèse ; dans la première, l'usine est établie sur une seule rive ; dans la seconde, elle s'étend des deux côtés du cours d'eau.

La figure 108 (Pl. VI) indique la disposition à employer dans le cas où il est nécessaire d'avoir plusieurs rangs de roues dans une usine ; on voit qu'il en résulte l'inconvénient d'arriver à un arbre *aa* très-long par suite d'une forte dimension et dispendieux.

On serait évidemment obligé d'en adopter de bien plus grands encore si l'on n'était maître que d'une seule rive et obligé d'avoir trois rangs de roues. Le seul moyen à employer pour les éviter est de construire des *cabinets d'eau*.

Les cabinets d'eau sont de petits réservoirs particuliers placés immédiatement auprès d'une roue sur laquelle elle verse l'eau par une vanne, et communiquant par des tuyaux de conduite couverts ou découverts avec un réservoir principal situé plus ou moins loin.

Ces cabinets d'eau sont quelquefois en maçonnerie, mais le plus souvent en bois, ainsi que les conduits qui prennent dans les usines le nom de *huches*.

L'emploi des cabinets d'eau entraîne toujours une perte de chute que l'on atténue en donnant à la huche une surface très-grande relativement à celle de la vanne alimentaire, en diminuant le plus possible sa longueur et la contraction à tous les passages.

La figure 109 (Pl. VI) montre la disposition générale à adopter dans le cas de 3 roues.

La roue n° 1 est alimentée directement, ainsi que la roue n° 2, mais leurs canaux de fuite se rejoignent. La roue n° 3 est alimentée par une huche qui passe au-dessous du canal de fuite et dont la direction est indiquée en pointillé.

Au lieu d'employer des huches pour l'alimentation, on pourrait se servir de huches de décharge et éviter ainsi une perte de chute, mais alors le terrain qui environne les roues n'est plus disponible ; les huches de décharge permettent de mettre deux roues dans le même alignement (Pl. VI, Fig. 110).

L'eau qui agit sur la roue n° 1 s'écoule sous le sol et vient déboucher dans le cours d'eau en A ; une deuxième roue est alimentée par la vanne V'.

Après ce qui précède l'établissement des turbines ne paraîtra pas compliqué, la figure 97 (Pl. VI) où est représentée la turbine Fontaine, où l'on a indiqué la disposition qui a donné lieu au brevet de M. Gentilhomme, indique suffisamment la construction des chambres de turbine.

Pour compléter la matière, autant qu'elle peut l'être dans un traité aussi général que celui-ci, il ne reste plus qu'à recommander de placer toujours dans les canaux alimentaires, un peu en amont des moteurs hydrauliques, des grilles de sûreté, afin d'arrêter les corps flottants qui, lancés sur eux, briseraient bientôt leur aubage.

126. ÉTABLISSEMENT DES BARRAGES DE RIVIÈRE. — Les barrages à employer pour relever le niveau des eaux et créer une chute utilisable à l'industrie ont, ainsi qu'on l'a vu précédemment, une hauteur déterminée par l'administration. Ils sont organisés de manière à laisser écouler facilement l'eau qui vient en excès de la hauteur du repère et ont généralement, par suite, une largeur égale à la largeur moyenne de la rivière, en même temps qu'on la combine avec des vannes de fond destinées à concourir au même but.

Ces digues-déversoirs sont construits en bonne maçonnerie, de manière à ne laisser passage à aucune infiltration. On doit surtout soigner d'une manière particulière les fondations et les protéger contre les affouillements.

Le parement du côté d'amont est vertical, celui d'aval forme ordinairement un talus, mais quand la chute est grande et que la rivière charrie beaucoup de glaçons il vaut mieux découper la face d'aval en gradins ayant au moins 1,00 de largeur, les glaçons sont alors brisés ou diminuent de vitesse et ne peuvent plus endommager le radier. La crête du déversoir doit toujours être faite en pierre de taille.

127. ÉTABLISSEMENT DES CANAUX DE DÉRIVATION. — Le principe qui sert de base dans la détermination des dimensions des canaux est celui-ci : pour chaque nature de sol il existe une vitesse de fond à partir de laquelle le lit du canal serait dégradé, et une vitesse moyenne au-dessous de laquelle l'eau ne peut plus enlever les vases, sables légers, etc. On doit donc rester entre ces deux limites.

La vitesse à partir duquel le fond est dégradé est indiquée dans le tableau suivant :

Terres détrempées brunes 0ᵐ,076
Argiles 0ᵐ,152
Sables 0ᵐ,305
Gravier 0ᵐ,609
Cailloux 0ᵐ,614
Pierres cassées 1ᵐ,220
Roches en couches 1ᵐ,830
Roches dures 3ᵐ,050

La vitesse moyenne provenant de la pente du canal, il faudra, pour la produire, perdre une certaine portion de la chute totale, on devra donc la limiter au strict nécessaire pour les canaux des usines. On peut adopter, en général, $0^m,25$ à $0^m,30$.

En désignant par A l'aire du canal, par U la vitesse moyenne et D le volume d'eau à débiter, on a évidemment :

$$D = AU;$$

on connaît toujours D, on détermine U par la condition :

$U = 1,33$ de la vitesse de fond adoptée suivant la nature du lit; on peut donc tirer A.

Les canaux ont des proportions différentes, suivant les matériaux employés ; s'ils sont en bois ou en maçonnerie on leur donne une forme rectangulaire et une largeur double de la hauteur (pour que la résistance contre les parois soit au minimum) ; s'ils sont en terre la base est de 4 à 6 fois la profondeur.

Si n représente le rapport $\dfrac{b}{h}$ de la base du talus canal à sa profondeur, b étant la base du canal, on a :

$$A = bh + nh^2 \qquad (1);$$

le nombre n dépend de la nature des terres.

Pour pavés ordinaires. . . . . $n = 0,50$
Pour terres fortes. . . . . $n = 1,00$
Pour terres ordinaires. . . . . $n = 2,00$

La largeur et la profondeur du canal sont déterminées de manière à satisfaire à l'équation (1) et aux exigences de la localité.

Quand ces deux dimensions sont fixées, il est facile de déduire du profil le périmètre mouillé S. Or, on trouve dans tous les traités d'hydraulique la formule :

$$I = \frac{S}{A}\, U\,(0,0000444 + 0,000309\, U),$$

dans laquelle I est la pente par mètre courant qui donne une vitesse moyenne U dans un canal de section A et de périmètre mouillé S, on déterminera I et on conclura la pente totale H par l'équation H = IL, L étant la longueur du canal.

128. Établissement des vannages. — Pour diriger l'eau sur les moteurs hydrauliques ou pour se débarrasser du trop plein résultant des crues, on emploie deux espèces de vannes, les vannes ascendantes et les vannes plongeantes ; dans les premières l'eau s'écoule sous une certaine charge supérieure ; dans les secondes elle s'échappe par un déversoir. Les vannes ascendantes se divisent dès lors, au point de vue de leur destination, en vannes de travail et vannes de décharge, mais dans les deux cas elles se composent toujours, quand elles sont en bois, de diverses parties, qui sont (Pl. VI, Fig. 112):

Le seuil S ;
Les poteaux A portant coulisses ;
Un chapeau C ;
Une vanne V avec sa queue Q.

Les poteaux A sont toujours droits pour les vannes de décharge, tandis qu'il est avantageux de les incliner pour les vannes de travail.

L'eau sortant des vannes de fond avec une grande vitesse, il est nécessaire de placer de chaque côté du barrage, et surtout en aval, un radier destiné à empêcher les affouillements. Le radier d'amont prend le nom d'avant radier.

Ces radiers sont en planches ou maçonnerie ; dans le premier cas ils se composent de forts madriers perpendiculaires à des lambourdes bien scellées dans les parois ou bajoyers du vannage. Le radier d'aval doit avoir une longueur proportionnelle à la vitesse des eaux et à la nature plus ou moins affouillable du terrain ; deux mètres suffisent pour celui d'amont. On battra une ligne de palplanches au commencement du radier d'amont et à l'extrémité de celui d'aval.

Les radiers en maçonnerie auront une épaisseur de 0,60 et seront faits naturellement en mortier hydraulique.

On calculera l'épaisseur des madriers de la vanne **V** à l'aide de la formule :

$$ab^2 = \frac{Pc}{100000} ;$$

P est la moitié de la charge due à l'eau ;

c la moitié de la longueur des madriers ;

b l'épaisseur du solide ;

a sa hauteur $\left(\text{il convient de faire } a = \frac{5}{7}\, b\right)$,

qui est donnée pour les solides, chargés uniformément sur toute leur longueur et appuyés à leurs extrémités.

Cette épaisseur varie ordinairement entre 0,03 et 0,05.

Les madriers des vannes sont en chêne, on les dispose horizontalement en les assemblant à queue d'hyronde avec des *parmes* verticales. Souvent les madriers sont même assemblés à languettes.

La queue de vanne **Q** est munie d'une crémaillère en fonte dans laquelle s'engage un pignon calé sur un arbre en fer ; celui-ci porte aussi une roue dentée qui engrène avec un autre pignon placé sur un arbre à manivelles. Telle est la disposition qui permet d'élever ou d'abaisser la vanne ; quand elle est trop pesante on l'équilibre par un contre-poids.

On rencontre souvent, et notamment pour les roues qui font marcher les marteaux des forges, une disposition plus simple ; on soulève la vanne à l'aide d'un grand levier qui est placé à proximité du marteleur, il peut ainsi faire varier la vitesse du marteau, ce qui est absolument nécessaire pour bien sonder le fer.

Les poteaux sont assemblés avec le seuil et le chapeau par doubles tenons et mortaises, ils doivent être d'ailleurs bien fixés aux bajoyers du coursier.

Les vannages en fonte se composent :

1º De deux plaques latérales solidement fixées contre les bajoyers ;

2º D'une plaque de vanne fixée par sa partie inférieure dans la maçonnerie, et boulonnée sur les côtés avec les deux plaques latérales de manière à former un ensemble parfaitement solidaire ;

3° D'une vanne mobile glissant sur des portées d'ajustage venues à la plaque fixe ;

4° De deux crémaillères fixées à la vanne et engrenant avec des pignons placés sur un arbre horizontal.

Les vannages à vannes plongeantes se construisent et se manœuvrent comme les autres, seulement on donne l'eau en abaissant la vanne.

129. CALCUL DE LA FORCE NÉCESSAIRE POUR MANOEUVRER UNE VANNE. — Si L est la largeur horizontale d'une vanne soumise à une charge d'eau H au-dessus du centre de gravité, S sa surface ; la pression de l'eau qui s'applique contre les coulisses pratiquées dans les poteaux est :

$$1000 \, SH ,$$

et quand on veut la soulever, il faut vaincre un frottement qui est :

$$1000 \, f SH ;$$

f étant égal à 0,71 (coefficient de frottement entre bois de chêne mouillés) au commencement de l'action ; mais une fois le mouvement en train $f = 0,34$ et la valeur moyenne est 0,52.

On doit organiser l'appareil de manœuvre des vannes de manière qu'un seul homme puisse les soulever et, par suite, supposer appliquée à la manivelle une force de 12 kilogrammes environ. On admet encore que les pignons qui agissent sur les crémaillères ne doivent pas avoir moins de 0,12 de cercle primitif (Pl. VI, Fig. 113).

Soient donc $P = 12^k$ la force appliquée ; r les rayons des pignons $= 0,12$; x le rayon d'une roue intermédiaire ; Q le poids à soulever ; q la résistance offerte par la roue intermédiaire ; l la longueur de la manivelle.

On a :

$$Pl = rq,$$
$$qx = Qr ;$$

d'où

$$x = \frac{Qr}{q} = \frac{Qr^2}{Pl} .$$

130. ETABLISSEMENT DES COURSIERS. — Les coursiers sont droits ou courbes, et ils peuvent être construits soit en bois soit en maçonnerie. La maçonnerie doit être préférée à cause de sa solidité et des faibles frais d'entretien qu'elle nécessite.

Pour établir des coursiers droits en bois, on enfoncera sous le radier et l'avant radier des lignes parallèles de pilotis espacés d'un mètre dans le sens du mouvement de l'eau et de deux mètres dans le sens perpendiculaire. Ces pilotis ayant été recépés à une hauteur convenable, on remplacera le terrain naturel par du béton ou un mélange de gravier sur une profondeur de 0,50 environ, si le terrain est affouillable, puis on coiffera les diverses lignes de pilotis par des chapeaux perpendiculaires au courant ; sur ces chapeaux on chevillera le seuil et les madriers longitudinaux formant les radiers d'amont et d'aval ; enfin on placera une ligne de palplanches au commencement du radier d'amont et à la fin du radier d'aval.

Pour établir les parois latérales ou bajoyers du coursier, on fixe des longuerines sur les chapeaux des pilotis, et des montants assemblés à doubles tenons et mortaises dans ces longuerines, suppportent des madriers qui forment la paroi intérieure du coursier. D'autres madriers de rebut placés forment la paroi du côté des terres, qui sont remplacées sur une certaine épaisseur par un corroi

Enfin pour certaines roues et dans certains cas une rangée de madriers sert à emboîter les palettes de la roue. Les montants sont assemblés à la partie supérieure dans des chapeaux consolidés par des traverses parallèles aux chapeaux inférieurs. Sur ces traverses se placent des madriers qui permettent la circulation et reçoivent les pièces destinées à porter les tourillons.

Les coursiers courbes en bois se construisent d'une manière analogue, ainsi que le montre la figure 114 (Pl. VI).

Il suffira d'ajouter que les pièces courbes C doivent avoir 0,12 d'épaisseur et être éloignées les unes des autres de 0,75 environ.

J'ai supposé dans toutes les figures et explications précédentes, que le terrain n'était pas très-ferme, s'il l'était suffisamment on supprimerait les pilotis.

Les coursiers en maçonnerie seront établis ainsi :

On placera des lignes de pilotis parallèles au courant ; ces lignes, espacées d'un mètre entre elles, seront coiffées d'un chapeau recouvert d'un plancher de madriers ; sur ce plancher on posera un massif de maçonnerie hydraulique de 0,50 environ, qui sera couronné de pierres de taille ; le seuil de la vanne sera une pièce de bois encastrée dans la maçonnerie et dans les bajoyers.

Le coursier est terminé également par une pièce de bois ; quelquefois ce seuil est en pierre de taille, et doit alors être appareillé en plate-bande.

A la suite du coursier vient un radier en bois sur pilotis et chapeaux, ou en maçonnerie reposant elle-même sur plateforme et pilotis si la nature du terrain l'exige.

En construisant les bajoyers on doit tailler en bas les pierres saillantes, de 8 à 10 centimètres, qu'on retaille plus tard de manière à emboîter la roue.

Toutes les maçonneries doivent être non-seulement faites avec mortier hydraulique, mais rejointoyée à ciment romain ou au moins à ciment de tuile.

Les fondations des coursiers courbes en maçonnerie se font comme les précédentes. La partie courbe se fait tantôt, ainsi que le montre la figure 115 (Pl. VI), en pierres de taille, appareillées en voussoir ou en moellons (Pl. VI, Fig. 116). Dans ce dernier cas, on exécute le lit à l'aide d'un gabarit trop grand de 1 à 2 centimètres, en plaçant à la partie supérieure les moellons dans le bas de leur grand axe, puis on projette dans les cavités du ciment romain et lui donne une épaisseur suffisante pour rendre au coursier ses véritables dimensions; on peut facilement le lisser avec la truelle quand il est a moitié séché.

Quand la vanne est plongeante, comme dans les roues de côté à palettes planes, le vannage forme lui-même la partie supérieure du lit du coursier. Cette partie du vannage prend le nom de col de cygne; elle peut être en fonte ou en bois. La figure 21 (Pl. II) montre comment elle est fixée.

FIN.

ADDITION ET NOTES.

ADDITION AUX NUMÉROS 11 ET 12.

Le raisonnement par suite duquel on a déterminé **W**, au numéro 11, n'est pas assez général, il n'est vrai que dans le cas où, comme dans la roue Poncelet, l'eau sort librement de la roue ; mais il peut arriver que l'eau soit retenue dans le coursier, comme dans les roues à palettes planes en dessous, alors **W** devient évidemment égal à v, et dans ce cas il n'y a pas à chercher à faire $\mathbf{W} = o$.

NOTE 1 (Pl. VI, Fig. 117).

On a vu que pour le maximum d'effet utile des roues à palettes planes en dessous le calcul a donné la condition $v = \dfrac{\mathrm{V}}{2}$; on peut arriver à cette relation par un simple tracé. Si on décrit une circonférence ayant V pour diamètre et qu'on prenne AC $= v$, il est clair que $\mathrm{CD}^2 = (\mathrm{V} - v)\,v$, le maximum de $(\mathrm{V} - v)\,v$ correspond donc à celui de CD ; $(\mathrm{V} - v)\,v$ sera donc maximum quand C se confondra avec o, c'est-à-dire quand AC ou v égale $\dfrac{\mathrm{V}}{2}$.

NOTE 2.

Nous avons cité la formule :

$$\operatorname{Sin}^2 \frac{\beta}{2} = \frac{1}{2} - \frac{R - 2E}{2\sqrt{R(R + 4E)}}.$$

On peut la démontrer ainsi :

on a : $\quad V = 2v \qquad V''^2 = V^2 + v^2 - 2Vv \cos \alpha'$

$$\frac{v}{V''} = \frac{\sin(\beta - \alpha')}{\sin \beta};$$

la deuxième équation donne :

$$V'' = v\sqrt{5 - 4\cos \alpha'};$$

la troisième donne :

$$\operatorname{Sin}(\beta - \alpha') = \frac{\sin \beta}{\sqrt{5 - 4\cos \alpha'}}.$$

On a également :

$$v^2 = V''^2 + V^2 - 2VV''\cos(\beta - \alpha'),$$

d'où $\qquad \cos(\beta - \alpha') = \dfrac{2\cos \alpha'}{\sqrt{5 - 4\cos \alpha'}};$

mais $\qquad \sin \beta = \sin[(\beta - \alpha') + \alpha')],$

donc $\qquad \sin \beta = \dfrac{2\sin \alpha'}{\sqrt{5 - 4\cos \alpha'}}$

et $\qquad \cos \beta = \dfrac{2\cos \alpha' - 1}{\sqrt{5 - 4\cos \alpha'}},$

de plus
$$\sin^2\frac{\beta}{2} = \frac{1 - \cos\beta}{2} \, ;$$

donc
$$\sin^2\frac{\beta}{2} = \frac{1}{2} - \frac{2\cos\alpha' - 1}{\sqrt{5 - 4\cos\alpha'}} \, ,$$

ou
$$\sin^2\frac{\beta}{2} = \frac{1}{2} - \frac{R - 2E}{2\sqrt{R\,(R + 4E)}} \, ,$$

ce qu'il fallait démontrer.

FIN DES NOTES.

Typ. et Lith. de J. Verronnais.

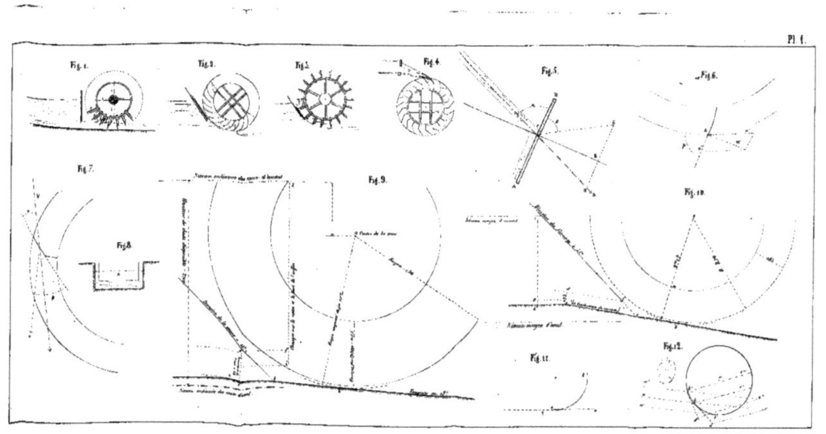

Fig. 1.
Fig. 2.
Fig. 3.
Fig. 4.
Fig. 5.
Fig. 6.
Fig. 7.
Fig. 8.
Fig. 9.
Fig. 10.
Fig. 11.
Fig. 12.

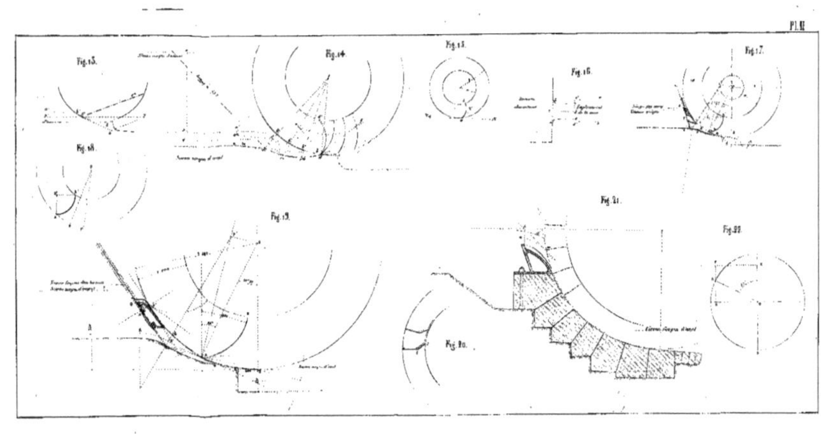

Fig. 13.
Fig. 14.
Fig. 15.
Fig. 16.
Fig. 17.
Fig. 18.
Fig. 19.
Fig. 20.
Fig. 21.
Fig. 22.

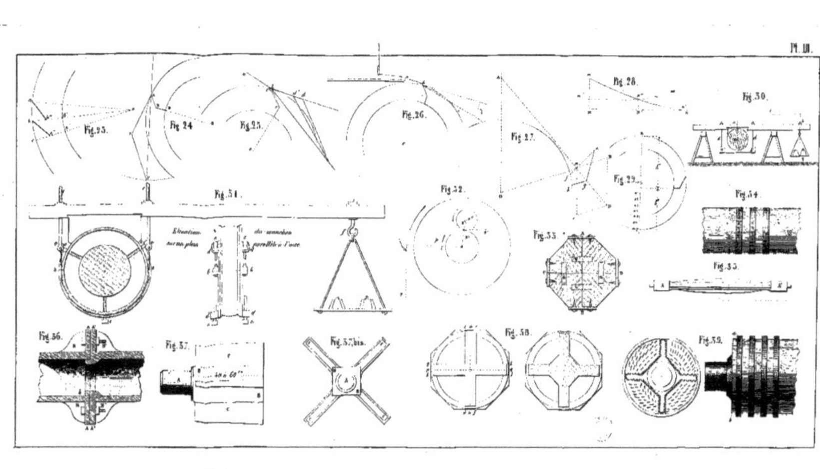

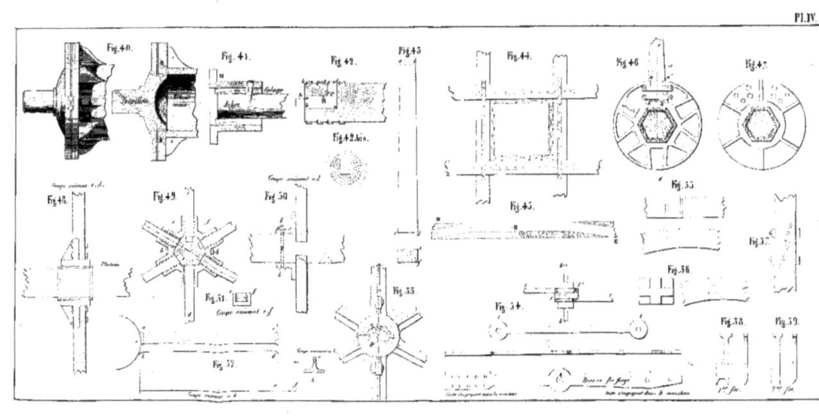

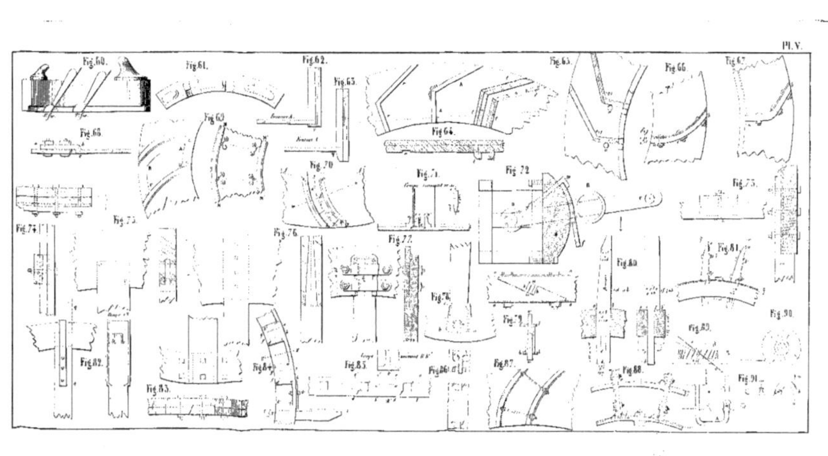

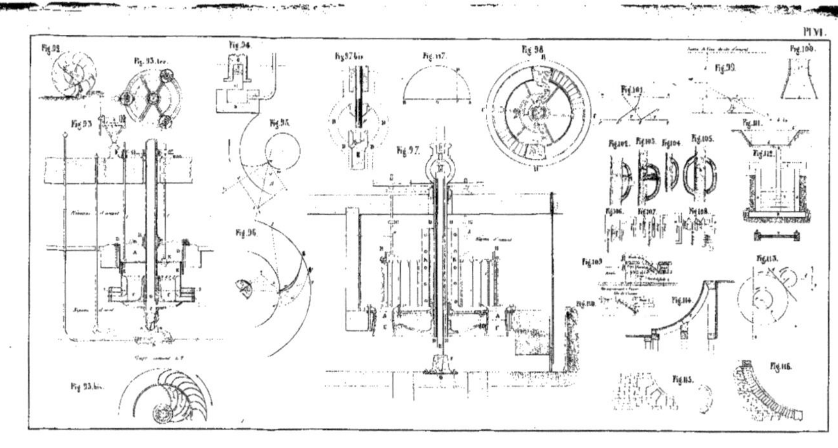

OUVRAGES DU MÊME AUTEUR:

Mémoires sur la dépense des déversoirs.

Expériences sur les machines à percer les métaux.